高等职业教育通识类课程新形态教材

信息技术（文科版）

主 编 李 佳 杨 缨

中国水利水电出版社
www.waterpub.com.cn
·北京·

内 容 提 要

当前信息技术已经广泛应用于社会生活的各个领域，成为人们生活和工作中不可或缺的组成部分，了解人工智能、大数据、云计算、物联网等新一代信息技术，熟练使用主流办公软件，掌握易用性和实用性强的 Python 编程语言，是高职高专学生建设未来社会的必要条件。

本书内容精炼，结构紧凑，理论与实践相结合，选取的内容符合高职高专文科类专业学生的特点，强调信息技术的通识性，突出项目任务的典型性和实用性，并提高学生的计算思维能力。全书共分为 6 章，具体内容包括新一代信息技术简介、中文 Word 2010 应用基础、中文 Excel 2010 应用基础、中文 PowerPoint 2010 应用基础、Python 语言基础、Python 流程控制。

本书既可作为高职高专院校文科类专业的计算机公共课教材，也可作为学习信息技术的读者的自学用书。

图书在版编目（CIP）数据

信息技术：文科版 / 李佳，杨缨主编. -- 北京：
中国水利水电出版社，2024.5
高等职业教育通识类课程新形态教材
ISBN 978-7-5226-2468-6

Ⅰ. ①信… Ⅱ. ①李… ②杨… Ⅲ. ①电子计算机－
高等职业教育－教材 Ⅳ. ①TP3

中国国家版本馆CIP数据核字(2024)第099813号

策划编辑：石永峰　责任编辑：鞠向超　加工编辑：刘 瑜　封面设计：苏 敏

书　　名	高等职业教育通识类课程新形态教材 **信息技术（文科版）** XINXI JISHU（WENKE BAN）
作　　者	主编 李 佳 杨 缨
出版发行	中国水利水电出版社 （北京市海淀区玉渊潭南路 1 号 D 座　100038） 网址：www.waterpub.com.cn E-mail：mchannel@263.net（答疑） 　　　　sales@mwr.gov.cn 电话：(010) 68545888（营销中心）、82562819（组稿）
经　　售	北京科水图书销售有限公司 电话：(010) 68545874、63202643 全国各地新华书店和相关出版物销售网点
排　　版	北京万水电子信息有限公司
印　　刷	三河市德贤弘印务有限公司
规　　格	184mm×260mm　16 开本　12.75 印张　309 千字
版　　次	2024 年 5 月第 1 版　2024 年 5 月第 1 次印刷
印　　数	0001—3000 册
定　　价	39.00 元

凡购买我社图书，如有缺页、倒页、脱页的，本社营销中心负责调换

版权所有·侵权必究

前　言

党的二十大报告指出："推动战略性新兴产业融合集群发展，构建新一代信息技术、人工智能、生物技术、新能源、新材料、高端装备、绿色环保等一批新的增长引擎。"信息技术已经成为推动经济社会发展的新引擎，掌握信息技术知识、应用信息技术，是人们在各领域工作中应掌握的必备技能。

本书作者针对高职院校文、理工科专业对信息技术能力的不同需求明确相应的教学目标，编写了适用于理工科和文科专业的信息技术教材，本书可作为文科类专业的计算机公共课教材。普及新一代信息技术知识、提升信息技术素养、熟练使用办公软件、用 Python 语言解决问题以提高计算思维能力，是本书的编写目标。

本书由长期从事计算机公共课的教师编写，强调基础性与实用性，突出"能力导向，学生主体"原则，注重应用能力和解决问题能力的培养。全书可概括为三个部分，分别是新一代信息技术简介、办公软件应用和 Python 程序设计基础。新一代信息技术简介部分主要介绍人工智能、大数据、云计算和物联网的起源、发展史及应用领域；办公软件应用部分介绍中文 Word 2010 应用基础、中文 Excel 2010 应用基础及中文 PowerPoint 2010 应用基础；Python 程序设计基础部分介绍 Python 语言基础及 Python 流程控制。

本书由李佳、杨缨任主编，编写人员分工如下：李佳编写第 2、3、4 章，杨缨编写第 1、5、6 章。

由于编者水平有限，加之时间仓促，书中难免存在错误和不妥之处，恳请读者批评指正。

编　者
2023 年 10 月

目　录

第1章 新一代信息技术简介

本章导读

现如今，各种新型的信息技术不断涌现，其中应用较广的是人工智能、大数据、云计算和物联网，它们已经在日常工作和生活中随处可见，因此，了解新一代信息技术对于当代大学生是必要的。本章带领读者揭开它们神秘的面纱，理解人工智能、大数据、云计算和物联网的概念，了解它们各自的发展历程、特点以及应用现状，提高读者的信息技术知识和素养。

本章要点

- 人工智能的概念
- 人工智能的发展历程及应用
- 大数据的概念及特征
- 大数据的发展历程及应用
- 云计算的特点及服务类型
- 云计算的发展历程及应用
- 物联网的概念
- 物联网的发展历程及应用

1.1 人 工 智 能

科技创新是引领发展的第一动力。党的十八大后，我国加快推进科技自立自强，取得的成绩举世瞩目。党的二十大报告对我国科技创新领域取得的突破性进展、标志性成果进行了总结："基础研究和原始创新不断加强，一些关键核心技术实现突破，战略性新兴产业发展壮大，载人航天、探月探火、深海深地探测、超级计算机、卫星导航、量子信息、核电技术、新能源技术、大飞机制造、生物医药等取得重大成果，进入创新型国家行列。"

党的二十大报告明确指出："建设现代化产业体系。坚持把发展经济的着力点放在实体经济上，推进新型工业化，加快建设制造强国、质量强国、航天强国、交通强国、网络强国、数字中国。"实现这些重要目标的有效赛道之一，就是人工智能技术的深度融合与交叉发展。

1.1.1 人工智能的概念

1. 图灵测试

关于如何界定机器智能，早在人工智能学科还未正式诞生之前的 1950 年，计算机科学创始人之一的英国科学家艾伦·麦席森·图灵（Alan Mathison Turing）就提出了"图灵测试"方法，如图 1-1 所示。在图灵测试中，一位人类测试员使用电传设备，通过文字与密室里的一台机器和一个人自由对话，如果测试员无法分辨与之对话的两个对象谁是机器、谁是人，则参与对话的机器就被认为具有智能。在 1952 年，图灵还提出了更具体的测试标准：如果一台机器能在五分钟之内让 30%以上的测试者不能辨别其机器的身份，就可以判定它通过了图灵测试。

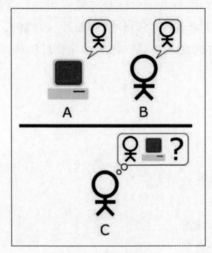

图 1-1 图灵测试

虽然图灵测试的科学性受到过质疑，但是它在过去数十年一直被广泛认为是测试机器智能的重要标准，对人工智能的发展产生了极为深远的影响。当然，早期的图灵测试是假设被测试对象位于密室中。后来，与人对话的可能是位于网络另一端的聊天机器人。随着智能语音、自然语言处理等技术的飞速发展，人工智能已经能用语音对话的方式与人类交流，而不被发现是机器人。在 2018 年的谷歌（Google）开发者大会上，谷歌向外界展示了其人工智能技术在语音对话应用上的最新进展，比如通过 Google Duplex 个人助理来帮助用户在现实世界中预约美发沙龙和餐馆。

2. 人工智能的定义

人工智能（Artificial Intelligence），英文缩写为 AI。它是研究、开发用于模拟、延伸和扩展人的智能的理论、方法、技术及应用系统的一门新的技术科学。人工智能的一个比较流行的定义，也是该领域较早的定义，是由约翰·麦卡锡（John McCarthy）在 1956 年的达特茅斯会议上提出的：人工智能就是要让机器的行为看起来就像是人所表现出的智能行为一样。

1.1.2 人工智能的诞生与发展

"人工智能"一词最初是在 1956 年达特茅斯会议上提出的。许多对机器智能感兴趣的专家学者聚集在这个会议上进行了为期一个月的讨论。从那时起，这个领域被命名为"人工智能"。因此，1956 年也被称作人工智能的元年。

1. 第一次兴衰

人工智能自诞生之后的十余年内，其发展迎来了第一个小高峰，研究者们疯狂涌入，取得了一批令人瞩目的成就，比如在 1959 年，第一台工业机器人诞生；在 1964 年，首台聊天机器人诞生。

但是，由于当时计算能力严重不足，在 20 世纪 70 年代，人工智能迎来了第一个寒冬。早期的人工智能大多是通过固定指令来解决特定的问题，并不具备真正的学习和思考能力，问题一旦变复杂，人工智能程序就不堪重负，变得不再智能了。

2. 第二次兴衰

虽然有人趁机否定人工智能的发展和价值，但是研究学者们并没有因此停下前进的脚步，终于在 1980 年，卡内基梅隆大学设计出了第一套专家系统——XCON。该专家系统具有一套强大的知识库和推理能力，可以模拟人类专家来解决特定领域的问题。

从这时起，机器学习开始兴起，各种专家系统开始被人们广泛应用。然而，随着专家系统的应用领域越来越广，问题也逐渐暴露出来。专家系统应用有限，且经常在常识性问题上出错，因此人工智能迎来了第二个寒冬。

3. 第三次兴衰

1997 年，IBM 公司的"深蓝"计算机战胜了国际象棋世界冠军卡斯帕罗夫，成为人工智能发展史上的一个重要里程碑。之后，人工智能开始了平稳向前的发展。

2006 年，李飞飞教授意识到了专家学者在研究算法的过程中忽视了"数据"的重要性，于是开始带头构建大型图像数据集——ImageNet，图像识别大赛由此拉开帷幕。

同年，由于人工神经网络的不断发展，"深度学习"的概念被提出。之后，深度神经网络和卷积神经网络开始不断映入人们的眼帘。深度学习的发展又一次掀起人工智能的研究狂潮，这一次狂潮至今仍在持续。

1.1.3 我国人工智能的发展

与国际上人工智能的发展情况相比，我国的人工智能研究起步较晚，直到改革开放之后，中国的人工智能才走上发展之路，并取得了令人瞩目的重大成就。

1. 艰难起步

改革开放后，中国派遣大批留学生赴西方发达国家研究现代科技，学习科技新成果，其中包括人工智能和模式识别等学科领域。这些人工智能"海归"专家，已成为中国人工智能研究与开发应用的学术带头人和中坚力量，为中国人工智能发展做出举足轻重的贡献。

1981 年 9 月，中国人工智能学会在长沙成立，秦元勋当选第一任理事长。1986 年，中国人工智能学会刊物《人工智能学报》创刊，成为国内首份人工智能学术刊物。

20 世纪 70 年代末至 80 年代前期，一些人工智能相关项目已被纳入国家科研计划。例如，在 1978 年召开的中国自动化学会年会上，报告了光学文字识别系统、手写体数字识别、生物控制论和模糊集合等研究成果，表明中国人工智能在生物控制和模式识别等方向的研究已开始起步；在 1978 年，"智能模拟"已纳入国家研究计划。

2．迎来曙光

20 世纪 80 年代中期，中国的人工智能迎来曙光，开始走上发展道路。国防科学技术工业委员会（现为工业和信息化部）于 1984 年召开了全国智能计算机及其系统学术讨论会，1985 年又召开了全国首届第五代计算机学术研讨会。1986 年起，智能计算机系统、智能机器人和智能信息处理等重大项目被列入国家高技术研究发展计划（863 计划）。

1987 年 7 月，《人工智能及其应用》在清华大学出版社公开出版，成为国内首部具有自主知识产权的人工智能专著。接着，中国首部人工智能、机器人学和智能控制著作分别于 1987 年、1988 年和 1990 年问世。1989 年《模式识别与人工智能》杂志创刊；同年首次召开中国人工智能联合会议。自 1993 年起，我国把智能控制和智能自动化等项目列入国家科技攀登计划。

3．蓬勃发展

进入 21 世纪后，更多的人工智能与智能系统研究相关课题获得国家自然科学基金重点和重大项目、国家高技术研究发展计划（863 计划）和国家重点基础研究发展计划（973 计划）项目等各种国家基金计划支持，并与中国国民经济和科技发展的重大需求相结合，力求为国家做出更大贡献。这方面的研究项目很多，代表性的研究有视觉与听觉的认知计算、面向 Agent 的智能计算机系统、中文智能搜索引擎关键技术、智能化农业专家系统、虹膜识别、语音识别、人工心理与人工情感、基于仿人机器人的人机交互与合作、工程建设中的智能辅助决策系统、未知环境中移动机器人导航与控制等。

2006 年 8 月，中国人工智能学会联合其他学会和有关部门，在北京举办了"庆祝人工智能学科诞生 50 周年"大型庆祝活动。除了人工智能国际会议外，纪念活动还包括由中国人工智能学会主办的首届中国象棋计算机博弈锦标赛暨首届中国象棋人机大战。东北大学的"棋天大圣"象棋软件获得机器博弈冠军；"浪潮天梭"超级计算机以 11:9 的成绩战胜了中国象棋大师。这些赛事的成功举办，彰显了中国人工智能科技的长足进步，也向广大公众进行了一次深刻的人工智能基本知识普及教育。

4．我国人工智能领域取得的成就

近年来，中国政府高度重视人工智能的发展，出台了一系列政策来支持和促进人工智能产业的发展。中国是人工智能领域的重要发展国家之一，在这一领域取得了令人瞩目的重大成就。

（1）人工智能芯片。中国企业正在研发更快、更高效的人工智能芯片，如华为的昇腾 AI 芯片和寒武纪的 MLU 芯片。随着中国人工智能产业的不断壮大，中国的人工智能芯片也将会越来越受关注。

（2）语音识别技术。中国的语音识别技术在人工智能领域处于世界领先水平。近年来，中国的语音识别技术得到了快速发展，已经广泛应用于语音识别、语音合成、自然语言处理、智能语音交互等多个领域。中国企业如百度和科大讯飞已成为全球领先的语音识别技术提供商，并在智能音箱和车载系统等领域取得了成功。

（3）人工智能医疗。中国的人工智能医疗企业不断研发智能医疗设备和算法，如病理影像诊断、心电图分析等。人工智能技术已经被应用于肿瘤、心脏病等多种疾病的诊断和治疗中。通过分析病人的病历、体征等信息，人工智能可以帮助医生更快地诊断出疾病，并提供更有效的治疗方案。

（4）智能制造。中国智能制造是指将人工智能技术、物联网技术、云计算技术等高新技术应用于制造业，实现制造过程的智能化、自动化和数字化，提高制造效率和质量，降低制造成本，推动制造业转型升级。

（5）自动驾驶技术。中国的自动驾驶技术取得了很大的进展。通过使用高精度地图、激光雷达、摄像头和其他传感器，车辆可以实现自主驾驶，并避免与其他车辆和障碍物发生碰撞。

（6）人工智能教育。中国的中小学教育已经开始普及人工智能教育，学生可以在编程和人工智能课程中学习人工智能的基础知识和技能。中国的高等教育也开始开设人工智能专业，并建立了人工智能研究所和实验室，以培养更多的人工智能专业人才。

（7）人工智能安防。中国企业不断开发智能安防解决方案，包括人脸识别、车辆识别和安全监控等。中国的人脸识别技术在安防领域得到了广泛应用，如公共交通、商场、机场、学校等场所的安全监控和管理。同时，人脸识别技术还可以用于刑侦破案等方面。

（8）自然语言处理技术。中国的自然语言处理技术得到了快速发展，如中文分词、命名实体识别、情感分析、机器翻译等技术都有了较大提升。这些技术已经应用于智能客服、智能写作、智能检索等场景。

（9）人工智能城市。中国的一些城市正在应用人工智能技术来提高城市管理效率，包括智能交通、智能能源和智慧城市管理等。

（10）人工智能金融。中国的一些金融科技公司正在应用人工智能技术来提高风险管理和客户服务效率，如智能信贷和智能投资等。人工智能技术可以帮助金融机构进行风险控制，包括评估贷款风险、预测市场波动、防范欺诈等。

1.1.4　人工智能的应用

从可应用性看，人工智能大体可分为专用人工智能和通用人工智能。

面向特定任务的专用人工智能系统由于任务单一、需求明确、应用边界清晰、领域知识丰富、建模相对简单，形成了人工智能领域的单点突破，在局部智能水平的单项测试中可以超越人类智能。人工智能的近期进展主要集中在专用智能领域。例如，阿尔法狗（AlphaGo）在围棋比赛中战胜人类冠军，人工智能程序在大规模图像识别和人脸识别中超越了人类的水平等。

通用人工智能尚处于起步阶段。人的大脑是一个通用的智能系统，能举一反三、融会贯通，可处理视觉、听觉、判断、推理、学习、思考、规划、设计等各类问题，可谓"一脑万用"。真正意义上完备的人工智能系统应该是一个通用的智能系统。目前，虽然专用人工智能领域已取得突破性进展，但是通用人工智能领域的研究与应用仍然任重而道远。当前的人工智能系统在信息感知、机器学习等"浅层智能"方面进步显著，但是在概念抽象和推理决策等"深层智能"方面的能力还很弱。

1. 智能传媒

无论是台前还是幕后，人工智能在传媒行业各个环节如鱼得水。一方面，人工智能、5G、大数据、云计算、物联网等新兴科技产业的发展，不断催促传媒行业进行数字化变革，主流媒体需要向智慧媒体的方向前进。另一方面，近年来，关于媒体智能化的议题、话题越来越多，大部分主流媒体意识到拥抱 AI 才能更好地发展，争先引进人工智能技术，推出人工智能产品。

在内容生产上，人工智能技术可以在短时间内搜集大量相关的信息并进行整合，编辑出简单的新闻文字，解决人工难以快速整理信息、迅速出稿的问题，强化了新闻时效性。而且，除了幕后编辑快讯之外，幕前 AI 虚拟主播大大降低了新闻播报的出错率。

在内容分发上，人工智能助力下个性精准化的内容推送成为市场主流。用户与媒体内容机构之间，一方想获取所需内容，另一方想提高内容曝光量，这就需要媒体平台借助人工智能、大数据技术，将内容生产方信息传播至需求者面前，精准匹配双方需求。

在内容管理上，低俗、暴力、恐怖等图文信息的筛选和屏蔽是一项耗时耗力的工程，有了人工智能的协助，内容审核、管理工作变得轻松，大大提高媒体运作效率，也强化和完善了内容管理系统。

市面上已经存在写作机器人和 AI 虚拟主播，并获得好评。例如：新华社推出写作机器人"快笔小新"、封面新闻与阿里云合作的写稿机器人"小封"、钱江晚报与微软共同打造的机器人记者"小冰"等。

早前，今日头条凭借内容推荐算法、个性化信息流分发，节省了人工分发时间，提高了工作效率，从而打破移动资讯市场格局，这便是 AI 助力内容分发个性精准化的有效证明。

新闻注重真实性、时效性、创意性，而人工智能恰好可以利用海量媒体数据，对当下时事进行分析、反馈，为媒体机构提供选题和决策的依据，使其更好地传播舆论焦点，生产人们关心的社会问题新闻。

2. 智能制造

智能制造是一种由智能机器和人类专家共同组成的人机一体化智能系统，它在制造过程中能借助计算机模拟人类专家的智能活动，进行分析、推理、判断、构思和决策等，从而取代或者延伸制造环境中人的部分脑力劳动。同时，系统可以收集、贮存、完善、共享、集成和发展人类专家的智能。

我国是工业大国，随着各种产品的快速迭代以及现代人对定制化产品的强烈需求，工业制造系统必须变得更加"聪明"，而人工智能是提升工业制造系统的强劲动力。例如，质量监控是生产过程中的重要环节，一个质量不过关的零件如果流向市场，不仅会使消费体验大打折扣，更有可能导致严重的安全事故。因此，传统生产线上都安排了大量的检测工人用肉眼进行质量检测，这种人工检测方式容易出现漏检和误判；因此，很多工业产品公司开发使用人工智能的视觉工具，帮助工厂自动检测缺陷。另外，人工智能技术在工艺流程优化、物流传输优化等实际应用场景中也取得了较好的效果。

3. 智能安防

近些年来，中国安防监控行业发展迅速，视频监控数量不断增长，在公共和个人场景监控摄像头安装总数已超过 1.75 亿，在部分一线城市，视频监控甚至实现了全覆盖，不过，相对于国外而言，我国安防监控领域仍然有很大成长空间。

截至目前，安防监控行业的发展经历了四个发展阶段，分别为模拟监控、数字监控、网络高清和智能监控，每一次行业变革都得益于算法、芯片的技术创新，以及由此带来的成本下降。利用人工智能的视频分析技术，针对安全监控录像，可以随时从视频中检测出行人和车辆；可以自动找到视频中异常的行为（比如醉酒的行人和逆向行驶的车辆）并及时发出带有具体地点信息的警报；自动判断人群的密度和人流的方向，提前发现过密人群带来的潜在危险，帮助工作人员引导和管理人流。

智能安防系统可以简单理解为集图像的传输和存储、数据的存储和处理、准确而选择性操作于一体的技术系统。就智能化安防系统来说，一个完整的智能安防系统主要包括门禁、报警和监控三大部分。智能安防与传统安防的最大区别在于智能化，传统安防对人的依赖性比较强，非常耗费人力，而智能安防能够通过机器实现智能判断，从而节省人力并提高工作效率。

4. 智能客服

目前，很多企业引入人工智能技术打造智能客服系统，智能客服可以像人一样和客户交流。它可以听懂客户的问题，对问题的意义进行分析，比如客户询问的是价格还是产品的功能，并对问题给予准确得体且个性化的应答，提升客户体验。对企业来说，这样的系统不仅能够提高回应客户的效率，还能自动对客户的需求和问题进行统计分析，为之后的决策提供依据。目前，智能客服已在多个行业领域得到应用，除了电子商务外，还包括金融、通信和物流等。

智能客服能降低人工成本，全天候、高效率地应对客户的咨询，已实现在金融领域中的应用，人工客服日渐减少。目前支付宝智能客服的自助率已经达到97%，智能客服的问题解决率达到78%，比人工客服的解决率还高出3%。

人工智能机器人在实时服务、快速高效、稳定精准等方面表现出了无可取代的优势。智能客服的快速发展使简单话务被智能机器取代，人工服务向高端化、专业化转变，以顾问的身份帮助客户解决业务问题，维系客户关系。

5. 自动驾驶

自动驾驶一般指自动驾驶系统。自动驾驶系统是一个汇集众多高新技术的综合系统，作为关键环节的环境信息获取和智能决策控制依赖于传感器技术、图像识别技术、电子与计算机技术、控制技术等一系列高新技术的创新和突破。无人驾驶汽车要想取得长足的发展，有赖于多方面技术的突破和创新。

随着机器视觉、模式识别软件和光达系统（已结合全球定位技术和空间数据）的进步，车载计算机可以通过将机器视觉、感应器数据和空间数据相结合来控制汽车的行驶。可以说，这些技术的进步为各家汽车厂商"自动驾驶"的发展奠定了基石。不过自动驾驶的普及还存在一些关键技术问题，包括车辆间的通信协议规范，有人无人驾驶车辆共享车道，视觉算法对环境的适应性问题等。

谷歌研发的无人汽车采用智能软件和感应设备，能够感知汽车周边所有情况并模拟人类作出判断：车顶装有激光雷达旋转感应器，能够扫描半径200英尺（约70米）范围内环境；车辆左后轮上的感应器具有位置评估功能；车载电脑通过后视镜附近的摄像头"看懂"交通灯，识别人行道和障碍物等。另有 4 个标准自动雷达感应器分布在车头和车尾，帮助确定车身与障碍物距离。

国内从 20 世纪 80 年代开始着手自动驾驶系统的研制开发，并取得了阶段性成果。国防科技大学、北京理工大学、清华大学等都有无人驾驶汽车的研究项目。国防科技大学和中国第一汽车集团有限公司联合研发的红旗无人驾驶轿车在高速公路试验成功。同济大学汽车学院建立了无人驾驶车研究平台，实现环境感知、全局路径规划、局部路径规划及底盘控制等功能的集成，从而使自动驾驶车辆具备自主"思考—行动"的能力，使无人驾驶车能实现融入交通流、避障、自适应巡航、紧急停车、车道保持等无人驾驶功能。为了促进自动驾驶系统技术创新，中国"智能车未来挑战赛"受到更多的重视，对车的性能要求不断提高，包括更为实际的模拟环境和更加复杂的控制要求。

6. 智能金融

智能金融是人工智能与金融的全面融合，以人工智能、大数据、云计算、区块链等高新科技为核心要素，全面赋能金融机构，提升金融机构的服务效率，拓展金融服务的广度和深度，实现金融服务的智能化、个性化、定制化。

智能金融应用如下：

（1）智能获客：依托大数据，对金融用户进行画像，通过需求响应模型，极大提升获客效率。

（2）身份识别：以人工智能为内核，通过活体识别、图像识别、声纹识别、OCR（光学字符识别）等技术手段，对用户身份进行验真，大幅降低核验成本。

（3）大数据风控：通过大数据、算力、算法的结合，搭建反欺诈、信用风险等模型，多维度控制金融机构的信用风险和操作风险，同时避免资产损失。

（4）智能投顾：基于大数据和算法能力，对用户与资产信息进行标签化，精准匹配用户与资产。

（5）智能客服：基于自然语言处理能力和语音识别能力，拓展客服领域的深度和广度，大幅降低服务成本，提升服务体验。

（6）金融云：依托云计算能力的金融科技，为金融机构提供更安全高效的全套金融解决方案。

（7）区块链：区块链具有透明且不可篡改的特性，在金融领域有广阔的应用场景。区块链已率先应用于资产证券化过程中，使整个流程更透明、更安全。

7. 智能教育

智能教育，是指国家实施《新一代人工智能发展规划》《中国教育现代化 2035》《高等学校人工智能创新行动计划》等人工智能多层次教育体系的人工智能教育。

2019 年 3 月 19 日，"智能教育战略研究"研讨会在北京召开，会议重点围绕智能教育基本科学问题、关键核心技术、重要应用示范等展开讨论。开展智能教育战略研究有利于落实《新一代人工智能发展规划》《中国教育现代化2035》《高等学校人工智能创新行动计划》，推进智能教育发展的具体行动，提出智能教育发展建议，加快推进人工智能与教育的深度融合和创新发展。

中国工程院院士、中国人工智能学会名誉理事长李德毅指出，人工智能直接冲击四大垂直行业，包括制造业、医疗/生命科学、金融和教育，其中冲击最大的是教育。面对这种现状，"人工智能+教育"的出现是必然趋势。教育部原副部长刘利民指出，智能教育是人工智能与教育的融合，实施智能教育就是为教育参与者创建一个教育的智能伙伴。教育部国家语委中国语言智能研究中心主任周建设教授则进一步界定，智能教育不是两个领域的简单相加，而是二者的深度融合，即人工智能技术依据教育大数据，精准计算学生的知识基础、学科倾向、思维类型、情感偏好、能力潜质，结合习得规律和教育规律，合理配置教育教学内容，科学因材施教，促进学生个性化全面发展和核心素养全面提升。

8. 智能机器人

智能机器人之所以叫智能机器人，是因为它有相当发达的"大脑"。在"大脑"中起作用的是中央处理器，这种计算机和操作它的人有直接的联系。最主要的是，可以对这样的计算机有目的地安排动作。正因为这样，我们才说这种机器人是真正的机器人，尽管它们的外表可能与人类有所不同。

智能机器人具备形形色色的内部信息传感器和外部信息传感器，如视觉、听觉、触觉、嗅觉。除具有传感器外，它还有效应器，作为作用于周围环境的手段。由此也可知，智能机器人至少要具备三个要素：感觉要素、反应要素和思考要素。

智能机器人作为一种包含相当多学科知识的技术，几乎是伴随着人工智能产生的。而智能机器人在当今社会变得越来越重要，越来越多的领域和岗位都需要智能机器人参与，这使智能机器人的研究也越来越深入。随着智能机器人技术的不断发展和成熟，随着众多科研人员的不懈努力，智能机器人必将走进千家万户，更好地服务人们的生活。

1.2　大　数　据

21 世纪是数据信息大发展的时代，各种数据迅速膨胀。互联网（社交、搜索、电商）、移动互联网、物联网、车联网、全球定位系统（GPS）、医学影像、安全监控、金融、电信都在疯狂产生着数据。在现今的社会，大数据越来越彰显其应用优势，占领的领域也越来越大，各种利用大数据发展的领域协助企业不断发展新业务，创新运营模式。大数据有助于对消费者行为的判断、产品销售量的预测、营销范围的精确以及存货的补给。

1.2.1　大数据出现的背景

"大数据（Big Data）"一词越来越频繁地被提及，人们用它来描述和定义信息爆炸时代产生的海量数据。当今社会的数据正在迅速膨胀并变大，它决定着企业的未来发展，人们将越来越深地意识到数据对企业的重要性。大数据时代对人类的数据驾驭能力提出了新的挑战，也为人们获得更为深刻、全面的洞察能力提供了前所未有的空间与潜力。

最早提出大数据时代（图 1-2）到来的是全球知名咨询公司麦肯锡咨询公司（Mckinsey & Company）。麦肯锡咨询公司称："数据，已经渗透到当今每一个行业和业务职能领域，成为重要的生产因素。人们对于海量数据的挖掘和运用，预示着新一波生产率增长和消费者盈余浪潮的到来。"大数据在物理学、生物学、环境生态学等领域以及军事、金融、通信等行业存在已有时日，却因为近年来互联网和信息行业的发展而逐渐引起人们关注。

图 1-2　大数据时代

互联网行业的大数据是互联网公司在日常运营中生成、累积的用户网络行为数据。这些数据的规模是如此庞大，以至于不能用 GB 或 TB 来衡量，大数据的起始计量单位至少是 PB（1PB=1024TB）、EB（1EB=1024PB）或 ZB（1ZB=1024EB）。

1.2.2　大数据的定义

大数据不仅指规模庞大的数据对象，也包含对这些数据对象的处理和应用活动，是数据对象、技术与应用三者的统一。

1. 大数据对象

大数据对象是指所涉及的资料规模巨大到无法应用目前主流软件工具，在合理时间内达到撷取、管理、处理并整理成帮助企业经营决策的资讯。大数据对象既可能是实际的、有限的数据集合，如某个政府部门或企业掌握的数据库，也可能是虚拟的、无限的数据集合，如微博、微信、社交网络上的全部信息。

大数据对象是需要新的处理模式才具有更强的决策力、洞察发现力和流程优化能力的海量、高增长率和多样化的信息资产。从数据的类别上看，大数据对象指的是无法使用传统流程或工具处理或分析的信息，它定义了那些超出正常处理范围和大小、迫使用户采用非传统处理方法的数据集。

2. 大数据技术

大数据技术是指从各种各样类型的大数据中快速获得有价值的信息的技术，包括数据采集、存储、管理、分析挖掘、可视化等技术及其集成。适用于大数据的技术，包括大规模并行处理数据库、数据挖掘电网、分布式文件系统、分布式数据库、云平台、互联网和扩展的存储系统。

3. 大数据应用

大数据应用是指对特定的大数据集合，集成应用大数据技术，获得有价值信息的行为。对于不同领域、不同企业的不同业务，甚至同一领域不同企业的相同业务来说，由于其业务需求、数据集合和分析挖掘目标存在差异，所运用的大数据技术和大数据信息系统也可能有相当大的差异。唯有坚持"对象、技术、应用"三位一体同步发展，才能充分实现大数据的价值。

1.2.3 大数据的发展历程

大数据是信息技术发展的必然产物，更是信息化进程的新阶段，其发展推动了数字经济的形成与繁荣。信息化已经历两次高速发展的浪潮，第一次始于 20 世纪 80 年代，是以个人计算机普及和应用为主要特征的数字化时代；第二次始于 20 世纪 90 年代中期，是以互联网大规模商业应用为主要特征的网络化时代。

当前，我们正在进入以数据的深度挖掘和融合应用为主要特征的大数据时代。大数据时代的到来标志着一场深刻的革命，数据正以生产资料要素的形式参与到生产之中，它取之不尽，用之不竭，并在不断循环中交互作用，创造出难以估量的价值，这是信息化发展的"第三次浪潮"。

回顾大数据的发展历程，大数据总体上可以划分为以下四个阶段：萌芽期、成长期、爆发期和大规模应用期。

1. 萌芽期（1980—2008 年）

在萌芽期，大数据术语被提出，相关技术概念得到一定程度的传播，但没有得到实质性发展。同一时期，随着数据挖掘理论和数据库技术的逐步成熟，一批商业智能工具和知识管理技术开始被应用，如数据仓库、专家系统、知识管理系统等。1980 年，未来学家阿尔文·托夫勒（Alvin Toffler）在其所著的《第三次浪潮》一书中，首次提出"大数据"一词，将大数据称赞为"第三次浪潮的华彩乐章"。2008 年 9 月，《自然》杂志推出了"大数据"封面专栏。

2. 成长期（2009—2012 年）

大数据市场迅速成长，互联网数据呈爆发式增长，大数据技术逐渐被大众熟悉和使用。2010 年 2 月，肯尼斯·库克尔（Kenneth Cukier）在《经济学人》上发表了长达 14 页的大数据专题报告《数据，无所不在的数据》。2012 年，牛津大学教授维克托·迈尔-舍恩伯格（Viktor Mayer-Schönberger）等的著作《大数据时代：生活、工作与思维的大变革》开始在国内风靡，推动了大数据在国内的发展。

3. 爆发期（2013—2015 年）

大数据迎来发展的高潮，包括我国在内的世界各个国家纷纷布局大数据战略。2013 年，以百度、阿里巴巴、腾讯为代表的国内互联网公司各显身手，纷纷推出创新性的大数据应用。2015 年 9 月，国务院发布《促进大数据发展行动纲要》，全面推进我国大数据发展和应用，进一步提升创业创新活力和社会治理水平。

4. 大规模应用期（2016 年至今）

在这一阶段，中国大数据产业进入创新驱动的发展阶段，政府提出了"互联网"+"行动计划"+"大数据战略"，鼓励大数据与人工智能、物联网、云计算等技术融合创新。除一线城市外，二三线城市也开始积极争取大数据产业发展机遇。

我国大数据战略布局不断展开，高度重视并不断完善大数据政策支撑，大数据产业加速发展，逐步从数据大国向数据强国迈进。

1.2.4　大数据的特征

大量化（Volume）、多样化（Variety）、价值密度低（Value）、快速化（Velocity）是大数据的显著特征，简称为 4V 特征。或者说，只有具备这些特点的数据才是大数据。

1. 大量化

第一个特征是数据体量巨大。百度资料表明，其新首页导航每天需要提供的数据超过1.5PB，这些数据如果打印出来将超过 5000 亿张 A4 纸。有资料证实，到目前为止，人类生产的所有印刷材料的数据量仅为 200PB。

2. 多样化

第二个特征是数据类型繁多。现在的数据类型不仅有文本形式，更多的是图片、视频、音频、地理位置信息等，个性化数据占绝对多数，多类型的数据对数据的处理能力提出了更高的要求。

3. 价值密度低（Value）

第三个特征是数据价值密度相对较低。例如，随着物联网的广泛应用，信息感知无处不在，信息海量，但价值密度较低，如何通过强大的机器算法更迅速地完成数据的价值"提纯"，是大数据时代亟待解决的难题。

4. 快速化（Velocity）

第四个特征是处理速度快，时效性要求高。数据处理遵循"1 秒定律"，可从各种类型的数据中快速获得高价值的信息。这是大数据区别于传统数据挖掘最显著的特征。

1.2.5　大数据的作用

第一，对数据的处理分析成为新一代信息技术融合应用的节点。移动互联网、物联网、社交网络、数字家庭、电子商务等是新一代信息技术的应用形态，这些应用不断产生数据。云计算为这些海量、多样化的数据提供存储和运算平台。通过对不同来源数据的管理、处理、分析与优化，将结果反馈到上述应用中，将创造出巨大的经济和社会价值。换而言之，如果把大数据比作一种产业，那么这种产业实现盈利的关键，在于提高对数据的"加工能力"，通过"加工"实现数据的"增值"。大数据具有催生社会变革的能量。但释放这种能量需要严谨的数据治理、富有洞见的数据分析和激发管理创新的环境。

第二，大数据是信息产业持续高速增长的新引擎。面向大数据市场的新技术、新产品、新服务、新业态会不断涌现。在硬件与集成设备领域，大数据将对芯片、存储产业产生重要影响，还将催生一体化数据存储处理服务器、内存计算等市场。在软件与服务领域，大数据将引发数据快速处理分析、数据挖掘技术和软件产品的发展。

第三，大数据利用将成为提高核心竞争力的关键因素。各行各业的决策正在从"业务驱动"向"数据驱动"转变。对大数据的分析可以使零售商实时掌握市场动态并迅速采取应对措施，可以为商家制定更加精准有效的营销策略提供决策支持，可以帮助企业为消费者提供更加及时和个性化的服务。在医疗领域，大数据可提高诊断准确性和药物有效性；在公共事业领域，大数据也开始发挥促进经济发展、维护社会稳定等重要作用。

第四，在大数据时代，科学研究的方法手段将发生重大改变。例如，在大数据时代到来前，抽样调查是社会科学的基本研究方法；在大数据时代，可通过实时监测、跟踪研究对象在互联网上产生的海量行为数据，进行挖掘分析，揭示出规律性的东西，提出研究结论和对策。

1.2.6　大数据应用的案例

1. 医疗行业应用的案例

在加拿大多伦多的一家医院，针对早产婴儿，每秒钟有超过 3000 次的数据读取。通过对这些数据进行分析，医院能够提前知道哪些早产婴儿出现问题并且有针对性地采取措施，避免早产婴儿夭折。

大数据让更多的创业者更方便地开发产品，比如通过社交网络来收集数据的健康类 App。也许未来数年后，它们搜集的数据能让医生诊断变得更为精确。

2. 能源行业应用的案例

现在欧洲已经做到智能电网终端，也就是所谓的智能电表。在德国，为了鼓励利用太阳能，会在家庭安装太阳能，当太阳能有多余的电的时候可以买回来。通过电网每隔 5 分钟或 10 分钟收集一次数据，可以预测客户的用电习惯，从而推断出在未来 2～3 个月时间里，整个电网大概需要多少电。有了这个预测后，就可以以优惠的价格向发电或者供电企业购买一定数量的电，从而降低采购成本。

维斯塔斯风力系统依靠 BigInsights 软件和 IBM 超级计算机，对气象数据进行分析，找出安装风力涡轮机和整个风电场最佳的地点。通过利用大数据，以往需要数周的分析工作现在仅需要不足 1 小时便可完成。

3. 通信行业应用的案例

公司可以通过大数据预测客户的行为，发现行为趋势，并找出存在缺陷的环节，从而及时采取措施，保留客户。例如，XO Communications 公司通过使用 IBM SPSS 预测分析软件，减少了将近一半的客户流失率。此外，IBM 新的 Netezza 网络分析加速器，将通过提供单个端到端网络、服务、客户分析视图的可扩展平台，帮助通信企业制定更科学、合理的决策。

中国移动通过大数据分析，对企业运营的业务进行针对性的监控、预警、跟踪。系统在第一时间自动捕捉市场变化，再以快捷的方式推送给指定负责人，使他在最短时间内获知市场行情。

NTT DoCoM。公司（日本最大的移动通信运营商）把手机的位置信息和互联网上的信息结合起来，为顾客提供附近的餐饮店信息，当接近末班车时间时提供末班车信息服务。

4. 零售业应用的案例

零售企业监控客户的店内走动情况以及与商品的互动，然后将这些数据与交易记录结合起来展开分析，从而在销售哪些商品、如何摆放货品以及何时调整售价上给出意见，此类方法已经帮助某领先零售企业减少了 17% 的存货，同时在保持市场份额的前提下，增加了高利润率自有品牌商品的比例。

1.3　云　计　算

现如今，云计算（Cloud Computing）被视为计算机网络领域的一次革命，因为它的出现，社会的工作方式和商业模式也在发生巨大的改变。云计算是分布式计算的一种，指的是通过网络"云"将巨大的数据计算处理程序分解成无数个小程序，然后，通过多部服务器组成的系统处理和分析这些小程序，得到结果并返回给用户。通过这项技术，对数以万计的数据的处理可以在很短的时间内（几秒钟）完成，从而提供更广泛的网络服务。

1.3.1　云计算产生的背景

互联网自 1960 年开始兴起，主要用于军方、大型企业等之间的纯文字电子邮件或新闻集群组服务，直到 1990 年才开始进入普通家庭。随着互联网站与电子商务的发展，网络已成为人们离不开的生活必需品之一。"云计算"这个概念首次在 2006 年 8 月的搜索引擎会议上提出，代表互联网的第三次革命。

云计算也正在成为信息技术产业发展的战略重点，全球的信息技术企业都在纷纷向云计算转型。举例来说，每家公司都需要做数据信息化，存储相关的运营数据，进行产品管理、人员管理、财务管理等，而进行这些数据管理的基本设备就是计算机了。

对于一家企业来说，一台计算机的运算能力是远远无法满足数据运算需求的，那么公司就要购置一台运算能力更强的计算机，也就是服务器。而对于规模比较大的企业来说，一台服务器的运算能力显然是不够的，那就需要购置多台服务器，甚至演变为一个具有多台服务器的数据中心，而且服务器的数量会直接影响这个数据中心的业务处理能力。除了高额的初期建设成本之外，计算机的运营支出中花费在电费上的金钱要比投资成本高得多，再加上计算机和网络的维护支出，这些费用是中小型企业难以承担的，于是云计算的概念便应运而生了。

1.3.2　云计算概述

"云"实质上就是一个网络，狭义上讲，云计算就是一种提供资源的网络，使用者可以随时获取"云"上的资源，按需求量使用，并且可以看成是无限扩展的，只要按使用量付费就可以了。"云"就像自来水厂一样，我们可以随时接水，并且不限量，按照自己家的用水量，付费给自来水厂就可以了。

从广义上说，云计算是与信息技术、软件、互联网相关的一种服务，这种计算资源共享池叫作"云"，云计算把许多计算资源集合起来，通过软件实现自动化管理，只需要很少的人参与，就能让资源被快速提供。也就是说，计算能力作为一种商品，可以在互联网上流通，就像水、电、煤气一样，可以方便地取用，且价格较为低廉。

总之，云计算不是一种全新的网络技术，而是一种全新的网络应用概念，云计算的核心概念就是以互联网为中心，在网站上提供快速且安全的云计算服务与数据存储，让每一个使用互联网的人都可以使用网络上的庞大计算资源与数据中心。

云计算是在信息时代继互联网后又一种新的革新，是信息时代的一个大飞跃。虽然目前有关云计算的定义有很多，但概括来说，云计算的基本含义是一致的，即云计算具有很强的扩展性和需要性，可以为用户提供一种全新的体验，云计算的核心是可以将很多的计算机资源协调在一起，因此能使用户通过网络就获取到无限的资源，同时获取的资源不受时间和空间的限制。

综上可知，云计算指通过计算机网络形成的计算能力极强的系统，可存储、集合相关资源并可按需配置，向用户提供个性化服务。

1.3.3 云计算的发展历程

云计算的产生和发展与并行计算、分布式计算等计算机技术密切相关。但云计算的历史可以追溯到 1956 年，克里斯托弗·斯特雷奇（Christopher Strachey）发表了一篇有关虚拟化的论文，正式提出了虚拟化的概念。"虚拟化"是今天云计算基础架构的核心，是云计算发展的基础。而后随着网络技术的发展，逐渐孕育了云计算。

在 2004 年，Web 2.0 会议举行，Web 2.0 成为当时的热点，这标志着计算机网络发展进入了一个新的阶段。在这一阶段，让更多的用户方便快捷地使用网络服务成为互联网发展亟待解决的问题，与此同时，一些大型公司也开始致力于开发大型计算能力的技术，为用户提供更加强大的计算处理服务。

在 2006 年 8 月 9 日，谷歌首席执行官埃里克·施密特（Eric Schmidt）在搜索引擎大会首次提出云计算的概念。这是云计算发展史上第一次正式提出这一概念。2007 年以来，云计算成为计算机领域最令人关注的话题之一，同时也是大型企业、互联网建设着力研究的重要方向。因为云计算的提出，互联网技术和 IT 服务出现了新的模式，从而引发了一场变革。

在 2008 年，微软发布其公共云计算平台（Windows Azure Platform），由此拉开了微软的云计算大幕。同样，云计算在国内也掀起一场风波，许多大型网络公司纷纷加入云计算的阵列。

2009 年 1 月，阿里软件在江苏南京建立首个"电子商务云计算中心"。同年 11 月，中国移动云计算平台"大云"计划启动。《云计算白皮书（2023 年）》指出，我国云计算市场仍处于快速发展期，年复合增长率超 40%。其中，公有云市场规模增长 49.3%，至 3256 亿元；私有云市场增长 25.3%，至 1294 亿元。相比于全球 19% 的增速，我国云计算市场仍处于快速发展期，在大经济颓势下依旧保持较高的抗风险能力，预计 2025 年我国云计算整体市场规模将突破万亿元。

1.3.4 云计算的特点

云计算的可贵之处在于高灵活性、高可扩展性和高性价比等，与传统的网络应用模式相比，其具有如下特点。

1. 虚拟化技术

虚拟化技术突破了时间、空间的界限，是云计算最为显著的特点。虚拟化技术包括应用虚拟和资源虚拟两种。众所周知，物理平台与应用部署的环境在空间上是没有任何联系的，正是通过虚拟平台对相应终端操作完成数据备份、迁移和扩展等。

2. 动态可扩展

云计算具有高效的运算能力，在原有服务器基础上增加云计算功能能够使计算速度迅速提高，最终实现动态扩展虚拟化的层次，达到对应用进行扩展的目的。

3. 按需部署

计算机包含了许多应用、程序软件等，不同的应用对应的数据资源库不同，所以用户运行不同的应用需要较强的计算能力并对资源进行部署，而云计算平台能够根据用户的需求快速配备计算能力及资源。

4. 灵活性高

目前市场上大多数 IT 资源、软硬件都支持虚拟化，比如存储网络、操作系统和开发软硬件等。虚拟化要素可统一放在云系统资源虚拟池当中进行管理，可见云计算的兼容性非常强，不仅可以兼容低配置机器、不同厂商的硬件产品，还能够外设获得更高性能计算。

5. 可靠性高

倘若服务器发生故障也不会影响计算与应用的正常运行。因为单点服务器出现故障可以通过虚拟化技术恢复分布在不同物理服务器上面的应用，或利用动态扩展功能部署新的服务器进行计算。

6. 性价比高

将资源放在虚拟资源池中进行统一管理在一定程度上优化了物理资源，用户不再需要昂贵、存储空间大的主机，可以选择相对廉价的个人计算机（PC）组成云，一方面减少费用，另一方面计算性能不逊于大型主机。

7. 可扩展性

用户可以利用应用软件的快速部署条件更为简单快捷地扩展自身所需的已有业务以及新业务。例如，若云计算系统中出现故障设备，对于用户来说，无论是在计算机层面还是在具体运用上均不会受到阻碍，可以利用云计算具有的动态扩展功能来对其他服务器开展有效扩展。这样一来就能够确保任务有序完成。在对虚拟化资源进行动态扩展的情况下，能够高效扩展应用，提高云计算的操作水平。

1.3.5 云计算的服务类型

通常，云计算的服务类型分为三类：基础设施即服务（Infrastructure as a Service，IaaS）、平台即服务（Platform as a Service，PaaS）和软件即服务（Software as a Service，SaaS）。这三类云计算服务有时称为云计算堆栈，因为它们互为构建基础。云计算的三类服务如图 1-3 所示。

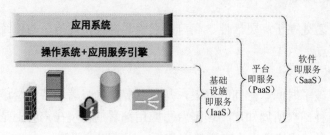

图 1-3　云计算的三类服务

1. 基础设施即服务

基础设施即服务是云计算主要的服务类别之一，它向云计算提供商的个人或组织提供虚拟化计算资源，如虚拟机、存储、网络和操作系统。

2. 平台即服务

平台即服务是一种服务类别，为开发人员提供通过全球互联网构建应用程序和服务的平台，为开发、测试和管理软件应用程序提供按需开发环境。

3. 软件即服务

软件即服务也是其服务的一种类别，通过互联网提供按需软件付费应用程序，云计算提供商托管和管理软件应用程序，并允许其用户连接到应用程序并通过全球互联网访问应用程序。

1.3.6 云计算的应用

较为简单的云计算技术已经普遍服务于互联网服务中，云计算技术已经融入现今的社会生活，最为常见的就是网络搜索引擎和网络邮箱。搜索引擎大家最为熟悉的莫过于谷歌和百度了，在任何时刻，只要用过移动终端就可以在搜索引擎上搜索任何自己想要的资源，通过云端共享数据资源。而网络邮箱也是如此，在过去，寄发一封邮件是一件比较麻烦的事情，同时也是很慢的过程，而在云计算技术和网络技术的推动下，电子邮箱成为社会生活中的一部分，只要在网络环境下，就可以实现实时的邮件寄发。

1. 存储云

存储云又称云存储，是在云计算技术上发展起来的一个新存储技术。云存储是一个以数据存储和管理为核心的云计算系统。用户将本地的资源上传至云端，可以在任何地方连入互联网来获取云上的资源。大家所熟知的谷歌、微软等大型网络公司均有云存储的服务，在国内，百度云和微云是市场占有量较大的存储云。存储云向用户提供了存储容器服务、备份服务、归档服务和记录管理服务等，大大方便了使用者对资源的管理。

2. 医疗云

医疗云是在云计算、移动技术、多媒体、大数据以及物联网等新技术基础上，结合医疗技术，使用云计算来创建医疗健康服务云平台，实现医疗资源的共享和医疗范围的扩大。因为云计算技术的运用，医疗云提高了医疗机构的效率，方便了居民就医。目前医院的预约挂号、电子病历、医疗保险等，都是云计算与医疗领域结合的产物。医疗云还具有数据安全、信息共享、动态扩展、布局全国的优势。

3. 金融云

金融云是利用云计算的模型，将信息、金融和服务等功能分散到庞大分支机构构成的互联网"云"中，旨在为银行、保险和基金等金融机构提供互联网处理和运行服务，同时共享互联网资源，从而解决现有问题并且达到高效、低成本的目标。在2013年11月27日，阿里云整合阿里巴巴旗下资源并推出阿里金融云服务。其实，这就是现在基本普及了的快捷支付，有了金融与云计算的结合，现在只需要在手机上简单操作，就可以完成银行存款、购买保险和基金买卖等业务。现在，不仅阿里巴巴推出了金融云服务，苏宁、腾讯等企业均推出了自己的金融云服务。

4. 教育云

教育云实质上是教育信息化的一种发展。教育云可以将所需要的任何教育硬件资源虚拟化，然后将其传入互联网中，以向教育机构和学生老师提供一个方便快捷的平台。现在流行的慕课（MOOC）就是教育云的一种应用。现阶段，慕课的三大优秀平台为 Coursera、edX 以及 Udacity，在国内，中国大学 MOOC 也是非常好的平台。2013 年 10 月 10 日，清华大学推出了其 MOOC 平台——学堂在线，许多大学现已使用学堂在线开设了一些课程的慕课。

1.4　物　联　网

互联网现在无所不在，无时无刻不在，例如现在每个人的口袋里都有一台便携式和互联网连接的计算机（智能手机）。随着成千上万的应用程序的使用，互联网已成为现代生活中的必备品。随着物联网的兴起，现在不仅仅是计算机和智能手机，我们使用的每一种东西都可能将启用互联网。

1.4.1　物联网的定义

物联网（Internet of Things，IoT）即"万物相连的互联网"，是在互联网基础上延伸和扩展的网络，是将各种信息传感设备与网络结合起来而形成的一个巨大网络，能实现任何时间、任何地点，人、机、物的互联互通。

物联网是新一代信息技术的重要组成部分，IT 行业又称泛互联，意指物物相连，万物万联。由此，物联网就是物物相连的互联网。这有两层意思：第一，物联网的核心和基础仍然是互联网，是在互联网基础上延伸和扩展的网络；第二，其用户端延伸和扩展到了任何物品与物品之间，进行信息交换和通信。因此，物联网的定义是通过射频识别、红外感应器、全球定位系统、激光扫描器等信息传感设备，按约定的协议，把任何物品与互联网相连接，进行信息交换和通信，以实现对物品的智能化识别、定位、跟踪、监控和管理的一种网络。

1.4.2　物联网的发展历程

物联网概念最早出现于比尔·盖茨（Bill Gates）1995 年的《未来之路》一书。在《未来之路》中，比尔·盖茨已经提及物联网概念，只是当时受限于无线网络、硬件及传感设备的发展，并未引起世人的重视。

1998 年，美国麻省理工学院创造性地提出了当时被称作 EPC 系统的"物联网"的构想。1999 年，美国 Auto-ID 研究中心首先提出"物联网"的概念，主要是建立在物品编码、RFID（射频识别）技术和互联网的基础上。中国科学院早在 1999 年就启动了传感网的研究，并取得了一些科研成果，建立了一些适用的传感网。同年，在美国召开的国际移动计算与网络会议提出了"传感网是下一个世纪人类面临的又一个发展机遇"。

2003 年，美国《技术评论》提出，传感网络技术将是未来改变人们生活的十大技术之首。2005 年 11 月 17 日，在突尼斯举行的信息社会世界峰会上，国际电信联盟（International Telecommunication Union，ITU）发布了《ITU 互联网报告 2005：物联网》，正式提出了物联网的概念。报告指出，无所不在的物联网通信时代即将来临，世界上所有的物体从轮胎到牙刷、从房屋到纸巾都可以通过因特网主动进行交换。射频识别技术、传感器技术、纳米技术、智能嵌入技术将得到更加广泛的应用和关注。

2021年7月13日，中国互联网协会发布了《中国互联网发展报告（2021）》，指出物联网市场规模达1.7万亿元，人工智能市场规模达3031亿元。2021年9月，工业和信息化部等八部门印发《物联网新型基础设施建设三年行动计划（2021—2023年）》，明确到2023年年底，在国内主要城市初步建成物联网新型基础设施，社会现代化治理、产业数字化转型和民生消费升级的基础更加稳固。

1.4.3 物联网的特征

从通信对象和过程来看，物与物、人与物之间的信息交互是物联网的核心。物联网的基本特征可概括为整体感知、可靠传输和智能处理。

（1）整体感知：可以利用射频识别、二维码、智能传感器等感知设备获取物体的各类信息。

（2）可靠传输：通过对互联网、无线网络的融合，将物体的信息实时、准确地传送，以便信息交流、分享。

（3）智能处理：使用各种智能技术，对感知和传送到的数据、信息进行分析处理，实现监测与控制的智能化。

根据物联网的以上特征，结合信息科学的观点，围绕信息的流动过程，可以归纳出物联网处理信息的功能如下：

（1）获取信息：主要是信息的感知、识别，信息的感知指对事物属性状态及其变化方式的知觉和敏感，信息的识别指能把所感受到的事物状态用一定方式表示出来。

（2）传送信息：主要是经信息发送、传输、接收等环节，最后把获取的事物状态信息及其变化的方式从时间（或空间）上的一点传送到另一点的任务，这就是常说的通信过程。

（3）处理信息：主要是指信息的加工过程，利用已有的信息或感知的信息产生新的信息，实际上是制定决策的过程。

（4）施效信息：是指信息最终发挥效用的过程，它有很多种表现形式，比较重要的是通过调节对象事物的状态及其变换方式，始终使对象处于预先设计的状态。

1.4.4 物联网的关键技术

1. 射频识别技术

射频识别（Radio Frequency Identification，RFID）技术。RFID是一种简单的无线系统，由一个询问器（或阅读器）和很多应答器（或标签）组成。标签由耦合元件及芯片组成，每个标签上具有扩展词条唯一的电子编码，附着在物体上标识目标对象，它通过天线将射频信息传递给阅读器，阅读器就是读取信息的设备。RFID技术让物品能够"开口说话"，这就赋予了物联网一个特性——可跟踪性，人们可以随时掌握物品的准确位置及其周边环境。

2. 传感网

MEMS 是 Micro-Electro-Mechanical Systems（微机电系统）的英文缩写，它是由微传感器、微执行器、信号处理和控制电路、通信接口和电源等部件组成的一体化的微型器件系统。其目标是把信息的获取、处理和执行集成在一起，组成具有多功能的微型系统，然后集成于大尺寸系统中，从而大幅度地提高系统的自动化、智能化和可靠性水平。它是比较通用的传感器。MEMS 赋予了普通物体新的生命，使它们有了属于自己的数据传输通路，有了存储功能、操作系统和专门的应用程序，从而形成一个庞大的传感网。这样，物联网能够通过物品来实现对人的监控与保护。

例如，遇到酒后驾车的情况，如果在汽车和汽车点火钥匙上都植入微型感应器，那么当喝了酒的司机掏出汽车钥匙时，钥匙能透过气味感应器察觉到酒气，就通过无线信号立即通知汽车"暂停发动"，汽车便会处于休息状态。同时让司机的手机给他的亲朋好友发短信，告知司机所在位置，提醒亲友尽快来处理。

3. M2M 系统框架

M2M 是 Machine-to-Machine/Man 的简称，是一种以机器终端智能交互为核心，网络化的应用与服务。它将使对象实现智能化的控制。M2M 技术涉及五个重要的技术部分：机器、M2M 硬件、通信网络、中间件、应用。基于云计算平台和智能网络，M2M 可以依据传感器网络获取的数据进行决策，改变对象的行为。

以智能停车场为例，当该车辆驶入或离开天线通信区时，天线以微波通信的方式与电子识别卡进行双向数据交换，从电子车卡上读取车辆的相关信息，在司机卡上读取司机的相关信息，自动识别电子车卡和司机卡，并判断车卡是否有效和司机卡的合法性，核对车道控制计算机则显示与该电子车卡和司机卡一一对应的车牌号码及驾驶员等资料信息；车道控制计算机自动将通过时间、车辆和驾驶员的有关信息存入数据库，根据读到的数据判断是正常卡、未授权卡、无卡还是非法卡，据此进行相应的回应和提示。

4. 云计算

云计算旨在通过网络把多个成本相对较低的计算实体整合成一个具有强大计算能力的完美系统，并借助先进的商业模式让终端用户得到这些强大计算能力的服务。云计算的一个核心理念就是通过不断提高"云"的处理能力，不断减少用户终端的处理负担，最终使其简化成一个单纯的输入/输出设备，并能按需享受"云"强大的计算处理能力。物联网感知层获取大量数据信息，在经过网络层传输以后，放到一个标准平台上，再利用高性能的云计算对其进行处理，赋予这些数据智能，才能最终转换成对终端用户有用的信息。

1.4.5 物联网的应用

物联网的应用领域涉及方方面面，在工业、农业、环境、交通、物流、安保等基础设施领域的应用，有效地推动了这些方面的智能化发展，从而提高了行业效率、效益；在家居、医疗健康、教育、金融与服务业、旅游业等与生活息息相关的领域的应用，极大改进了服务范围、服务方式、服务质量等方面，大大提高了人们的生活质量；在涉及国防军事领域方面，物联网技术的应用促使军事智能化、信息化、精准化，极大提升了军事战斗力。

1. 智能交通

物联网技术在道路交通方面的应用比较成熟。随着车辆越来越普及，交通拥堵甚至瘫痪已成为城市的一大问题。通过物联网技术可对道路交通状况实时监控并将信息及时传递给驾驶人，让驾驶人及时进行出行调整，有效缓解交通压力；高速路口设置道路自动收费系统（Electronic Toll Collection，ETC），免去进出口取卡、还卡的时间，提升车辆的通行效率；公交车上安装定位系统，能及时了解公交车行驶路线及到站时间，乘客可以根据搭乘路线确定行程，免去不必要的时间浪费。车辆增多，除了会带来交通压力外，停车难也日益成为一个突出问题，不少城市推出了智慧路边停车管理系统，该系统基于云计算平台，结合物联网技术与移动支付技术，共享车位资源，提高车位利用率和用户的方便程度。该系统可以兼容手机模式和射频识别模式，通过手机端 App 可以及时了解车位信息，提前做好预订并交费等操作，很大程度上解决了"停车难、难停车"的问题。

2. 智能家居

智能家居就是物联网在家庭中的基础应用。随着宽带业务的普及，智能家居产品涉及方方面面。家中无人，可利用手机等产品客户端远程操作智能空调，调节室温，甚至智能空调还可以学习用户的使用习惯，从而实现全自动的温控操作，使用户在炎炎夏季回家就能享受到冰爽带来的惬意；通过客户端实现智能灯泡的开关、调控灯泡的亮度和颜色等；插座内置Wi-Fi，可实现遥控插座定时通断电流，甚至可以监测设备用电情况，生成用电图表，从而更合理地安排资源及开支；内置可以监测血压、脂肪量的先进传感器，内定程序根据身体状态提出健康建议；智能牙刷与客户端相连，给出刷牙时间、刷牙位置提醒，可根据刷牙的数据生成图表，监测口腔的健康状况；智能摄像头、窗户传感器、智能门铃、烟雾探测器、智能报警器等都是家庭不可少的安全监控设备，即使出门在外，也可以在任意时间、地点查看家中任何一角的实时状况。看似烦琐的家居生活因为物联网变得更加轻松、美好。

3. 公共安全

近年来全球气候异常情况频发，灾害的突发性和危害性进一步加大，互联网可以实时监测环境的不安全情况，提前预防、实时预警，及时采取应对措施，降低灾害对人类生命财产的威胁。美国布法罗大学早在 2013 年就提出研究深海互联网项目，将经过特殊处理的感应装置置于深海处，分析水下相关情况，对海洋污染的防治、海底资源的探测甚至对海啸提供更加可靠的预警。该项目在当地湖水中进行试验，获得成功，为进一步扩大使用范围提供了基础。利用物联网技术可以智能感知大气、土壤、森林、水资源等指标数据，对于改善人类生活环境能发挥巨大作用。

本 章 小 结

本章主要介绍新一代信息技术中应用较广的人工智能、大数据、云计算、物联网的概念、特点、发展历程及应用状况。通过本章的学习，读者应对"智、大、云、物"这四种新一代信息技术有基本的了解和认识，提升信息技术素养。

习 题 1

一、填空题

1．从可应用性看，人工智能大体可分为_____人工智能和_____人工智能。

2．人工智能的近期进展主要集中在_____智能领域。例如，_____在围棋比赛中战胜人类冠军。

3．大数据不能用 GB 或 TB 来衡量，大数据的起始计量单位至少是_____、_____或 ZB。

4．大数据的 4V 特征分别是大量化（Volume）、_____、_____以及快速化（Velocity）。

5．狭义上讲，_____就是一种提供资源的网络，使用者可以随时获取"_____"上的资源。

6．云计算的服务类型分为三类，即_____、_____和软件即服务（SaaS）。

7．物联网的基本特征可概括为_____、_____和智能处理。

8．物联网处理信息的功能包括_____、_____、处理信息和施效信息。

二、简答题

1．什么是人工智能？

2．什么是图灵测试？

3．描述你在日常生活中遇到的人工智能应用场景。

4．简述大数据的应用案例。

5．云计算具有哪些特点？

6．什么是物联网？

7．物联网有哪些应用？

第 2 章　中文 Word 2010 应用基础

中文 Word 2010（以下简称 Word 2010）是 Microsoft Office 2010 中文办公自动化集成套装软件中的重要程序之一，是美国微软公司推出的文字处理软件，其操作界面生动直观、简单易学，是较为优秀、普及的文档处理和编辑软件。利用它，用户可以编排出图文并茂的文档。

- 文档的基本操作
- 文档的综合排版
- 文档中表格的操作
- 文档中图形的操作
- 文档的打印及页面设置

2.1　Word 2010 基础知识

2.1.1　Word 2010 的启动和退出

1. 启动

可以执行"开始"→"程序"→Microsoft Office→Microsoft Office Word 2010 命令启动，也可以双击桌面的 Microsoft office Word 2010 的快捷方式图标（若没有，可以自己在桌面创建）启动，还可以在"我的电脑"中直接双击 Word 2010 文档启动。

Word 2010 启动后的窗口如图 2-1 所示。在窗口的编辑区可以看到一条闪烁的竖线，表示当前输入字符的位置。通常把闪烁的竖线"|"称为"插入光标"，简称"光标"，把光标所在的位置称为插入点。

2. 退出

可以执行"文件"菜单上的"退出"命令退出，也可以单击 Word 2010 工作窗口右上角的关闭按钮 ⊠ 退出，还可以双击 Word 2010 工作窗口标题栏左端的 Word 2010 控制菜单图标 W 退出。如果在退出 Word 2010 之前，工作文档还没有保存，在退出时系统会提示用户是否保存编辑的文档。

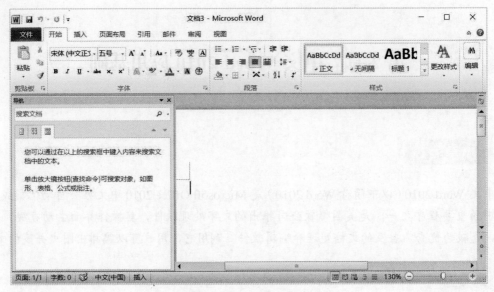

图 2-1　Word 2010 窗口

2.1.2　Word 2010 的窗口组成

Word 2010 的窗口组成如图 2-2 所示。

（1）标题栏。位于窗口最上端，作用是显示当前正在编辑的文档名称。标题栏的显示内容从左至右分别是 Word 2010 控制菜单图标、当前编辑文件名称和应用程序的名称。

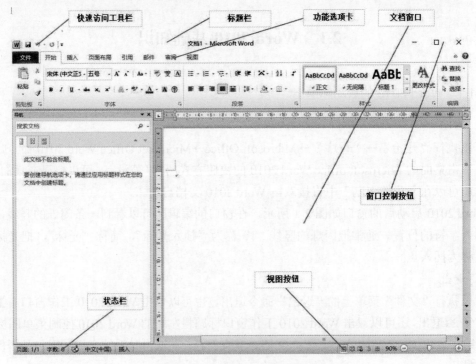

图 2-2　Word 2010 的窗口组成

（2）窗口控制按钮。右上角的█、█、█按钮分别为"最小化窗口""最大化/还原窗口""关闭窗口"按钮。

（3）快速访问工具栏。快速访问工具栏位于功能区上方，用户可以修改其设置，使其位于功能区下方。该工具栏的作用是使用户快速启动常用命令，默认的快速访问工具栏中只有"保存""撤消""恢复"和"自定义快速访问工具栏"四个命令，用户可以使用"自定义快速访问工具栏"命令添加自己的常用命令。

（4）功能选项卡。Word 2010 的功能选项卡取代了以前版本的菜单栏，并调整增加了一些功能。Word 2010 默认的功能选项卡包括"开始""插入""页面布局""引用""邮件""审阅""视图"等功能选项卡。其中每个选项卡的下方显示了该选项卡所包含的功能区。

（5）文档窗口。位于 Word 2010 窗口的中央，用于文档的输入和编排。若用户选中"视图"选项卡中"显示"分组中的"标尺"选项，则在文档窗口的顶端及左侧显示标尺，其作用是给文本定位。文档窗口的底端和右侧是滚动条，用于滚动调整在文档窗口中显示的内容。

（6）状态栏。位于窗口的最底端，用于显示当前编辑文档的状态信息及一些编辑信息。

（7）视图按钮。Word 2010 提供了多种在屏幕上显示文档的视图方式，不同的视图方式可以适应不同的工作特点。Word 2010 视图有页面视图、阅读版式视图、Web 版式视图、大纲视图和草稿视图。

- 页面视图█：页面视图可以查看与实际打印效果相一致的文档。页面视图除了具备"所见即所得"的特点外，还显示出实际位置的多栏版面、页眉、页脚、脚注、尾注等，也可以查看在精确位置的图文框项目。
- 阅读版式视图█：如果打开文档只为阅读，可选择阅读版式视图。阅读版式视图优化了阅读窗口，以图书的分栏样式显示 Word 文档，"文件"按钮、功能区等窗口元素被隐藏起来。
- Web 版式视图█：Web 版式视图用于创作 Web 页，它能够仿真 Web 浏览器来显示文档。在 Web 版式视图下，用户可以看到背景和为适应窗口而换行显示的文本，且图形位置与在 Web 浏览器中的位置一致。
- 大纲视图█：大纲视图用于设置和显示 Word 文档的层级结构，并可以方便地折叠和展开各种层级的内容，用户能够通过拖动标题来移动、复制或重新组织正文。
- 草稿视图█：草稿视图取消了页面边距、分栏、页眉页脚和图片等内容，只显示标题和正文，是最节省硬件资源的视图方式。

2.1.3　创建、保存和打开文档

创建、保存和打开文档是 Word 2010 进行文档编辑的基本操作。

1. 创建文档

【操作实例 2-1】创建新文档。

启动 Word 2010 时，系统自动创建一个新文档，可直接在上面进行编辑工作。默认文档名为"文档 1"。

也可以在启动 Word 2010 后，执行文件选项卡中的"新建"命令，创建一个新文档。或者

按组合键<Alt+F>打开文件选项卡，执行"新建"命令（或直接按<N>键），创建一个新文档。还可以按快捷键<Ctrl+N>，创建一个新文档。

2. 保存文档

为了防止计算机突然死机或停电等故障造成文档丢失，及时保存文档是十分重要的。建议每间隔一段时间就进行一次存盘操作（Word 2010 的文档扩展名默认为.docx）。

（1）保存一份尚未命名的新建文档。

【操作实例 2-2】将当前的文档以"求职简历"为文件名保存到 C 盘"实训文档"文件夹中。

单击"快捷访问工具栏"的"保存"按钮🖫，或者执行"文件"菜单下"保存"命令，将打开"另存为"对话框，如图 2-3 所示。

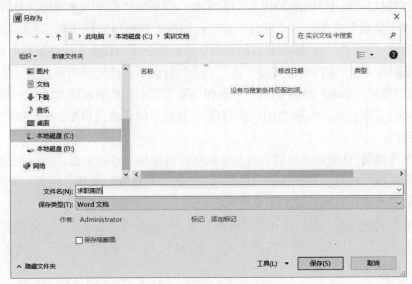

图 2-3 "另存为"对话框

在保存位置后的下拉列表中确定新文档存放的路径为"C:\实训文档"，在"文件名"文本框中输入新文档名"求职简历"，在"保存类型"的下拉列表中选"Word 文档"（默认为"Word 文档"），如图 2-4 所示。最后单击"保存"按钮，新建的文档就会以"求职简历"为文件名保存在 C 盘"实训文档"文件夹中。

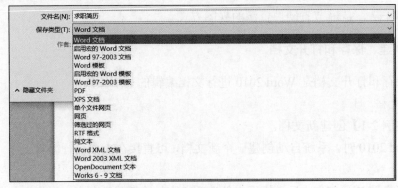

图 2-4 "保存类型"下拉列表

（2）保存一份已存在的文档。

【操作实例 2-3】再次保存"求职简历"文档。

单击常用工具栏的"保存"按钮🔲，或者执行"文件"菜单下的"保存"命令，即可将当前"求职简历"文档以原名为文件名再次存盘。

（3）将本次编辑的结果保存为另一份文档。

【操作实例 2-4】将"求职简历"文件以"个人求职简历"为文件名重新保存。

执行"文件"菜单下的"另存为"命令，打开"另存为"对话框。在"文件名"文本框中输入新文档名"个人求职简历"，单击"保存"按钮。

（4）设置定时自动保存

自动保存功能保留了当前编辑结果的临时备份，以供 Word 2010 在遇到意外情况时恢复文件，在一定程度上减少损失。

【操作实例 2-5】将"求职简历"文档自动保存时间间隔设置为 8 分钟。

执行"文件"菜单下的"选项"命令，打开"Word 选项"对话框，在该对话框中选择"保存"命令项，如图 2-5 所示。勾选其中的"保存自动恢复信息时间间隔"复选框，然后设置自动保存的间隔时间为 8 分钟，单击"确定"按钮。

图 2-5 "Word 选项"对话框

这种自动保存与用户自己存盘不一样。如果发生了意外，Word 2010 可根据临时备份进行恢复，用户还必须再进行一次存盘操作，才能将恢复的内容真正存盘。

3．打开文档

【操作实例 2-6】打开 C 盘"实训文档"文件夹中的"求职简历"文档。

可以执行"文件"菜单下的"打开"命令，弹出"打开"对话框，如图 2-6 所示，在查找范围中确定文档所在的路径为"C:\实训文档"，在文件列表中单击名为"求职简历"的文档，最后单击"打开"按钮即可（也可双击文档名直接打开）。也可以单击快速访问工具栏上自定义后的"打开"按钮，弹出"打开"对话框，之后的操作与前面的方法相同。

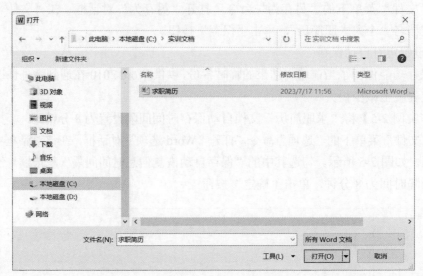

图 2-6　"打开"对话框

2.2　文　档　编　辑

创建一个空白文档后，就可以输入文档内容了。文档输入和编辑是 Word 2010 应用中既基础又重要的操作，它包括文本的输入、选定、插入、修改、删除、复制与移动、查找和替换等。Word 2010 提供了一整套功能强大的编辑文档的方法，可以在宽松的环境下完成文档的编辑工作。

2.2.1　输入内容

用鼠标在文档中要输入的位置单击后，就可以将光标定位到该位置，然后就可插入文字、图形、表格或者其他内容。

1．输入文字

Word 2010 有自动换行的功能，每当输入位置到达行尾时，它将自动换行，仅当一个段落输入结束时才需要按<Enter>键（<Enter>键即回车符或回车键，在 Word 2010 中被称为段落标记）。

【操作实例 2-7】在"求职简历"文档中输入图 2-7 所示的内容，并显示段落标记。

打开"求职简历"文档。在文档中输入图 2-7 所示文字，在文档中输入回车符的位置被标识为段落标记，显示为"↵"（非打印字符）。

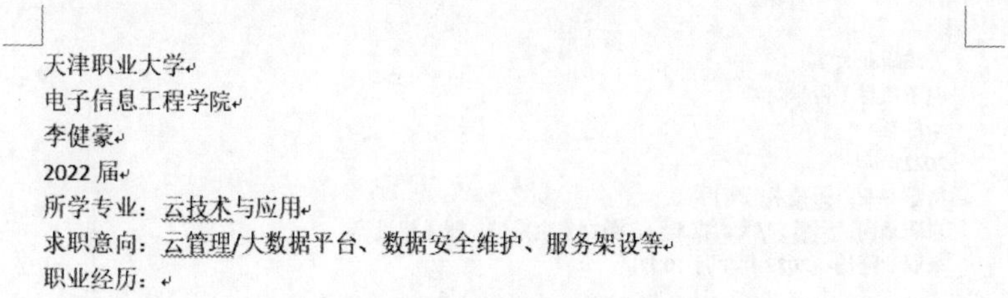

天津职业大学
电子信息工程学院
李健豪
2022 届
所学专业：云技术与应用
求职意向：云管理/大数据平台、数据安全维护、服务架设等
职业经历：

图 2-7　操作实例内容

2．输入符号和特殊字符

【操作实例 2-8】在"求职简历"文档最后一行文字前输入"※"，实现效果如图 2-8 所示。

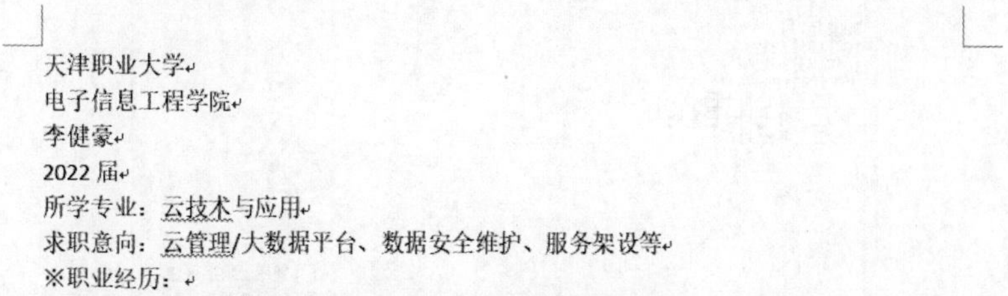

天津职业大学
电子信息工程学院
李健豪
2022 届
所学专业：云技术与应用
求职意向：云管理/大数据平台、数据安全维护、服务架设等
※职业经历：

图 2-8　操作实例效果

将光标停在最后一行文字前，单击"插入"选项卡"符号"组中的"符号"下拉按钮，选择"其他符号"，打开"符号"对话框，如图 2-9 所示。在对话框中选择"※"符号，单击"插入"按钮。

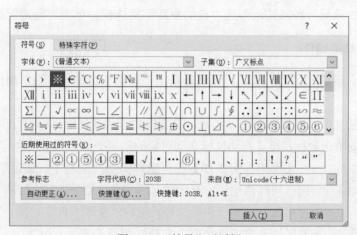

图 2-9　"符号"对话框

3．当前日期和时间

【操作实例 2-9】在"求职简历"文档最后一行文字后输入当前日期和时间，实现效果如图 2-10 所示。

将光标停在最后一行文字后，单击"插入"选项卡"文本"组中的"日期和时间"按钮，弹出"日期和时间"对话框，如图 2-11 所示。在"可用格式"列表中单击选中的日期或时间格式，再单击"确定"按钮，即可输入当前系统的日期和时间。

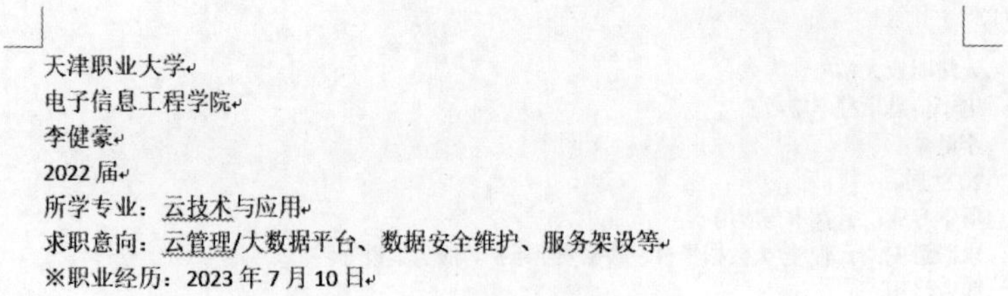

天津职业大学
电子信息工程学院
李健豪
2022 届
所学专业：云技术与应用
求职意向：云管理/大数据平台、数据安全维护、服务架设等
※职业经历：2023 年 7 月 10 日

图 2-10　操作实例效果

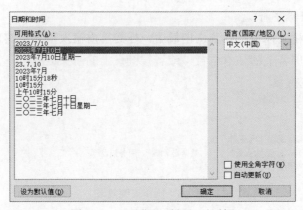

图 2-11　"日期和时间"对话框

4．自动更新日期和时间

在"日期和时间"对话框中，在"语言（国家/地区）"下拉列表中选择"中文（中国）"，在"可用格式"中选择一种格式，勾选"自动更新"复选框，单击"确定"按钮。

2.2.2　文本块的操作

插入、改写、删除、撤消、移动、复制等是文档编辑中最基本、最常用的操作。

1．常用方法

选择文档中的文字、表格和图形等元素，最实用的方法是使用鼠标进行框选，即在需要选择的对象的起始处单击鼠标左键，拖动鼠标直到对象的结尾处，被选择的内容会被高亮显示。

操作实例 2-10 视频演示

【操作实例 2-10】在"求职简历"文档中，选定第二行的"电子"一词；同时选定第六行的"云管理""大数据""服务"三个词；选定第一行；选定第一行和第二行；选定"求职意向"一段；选定如图 2-12 所示的竖块文本；选定整个文档；取消选定。

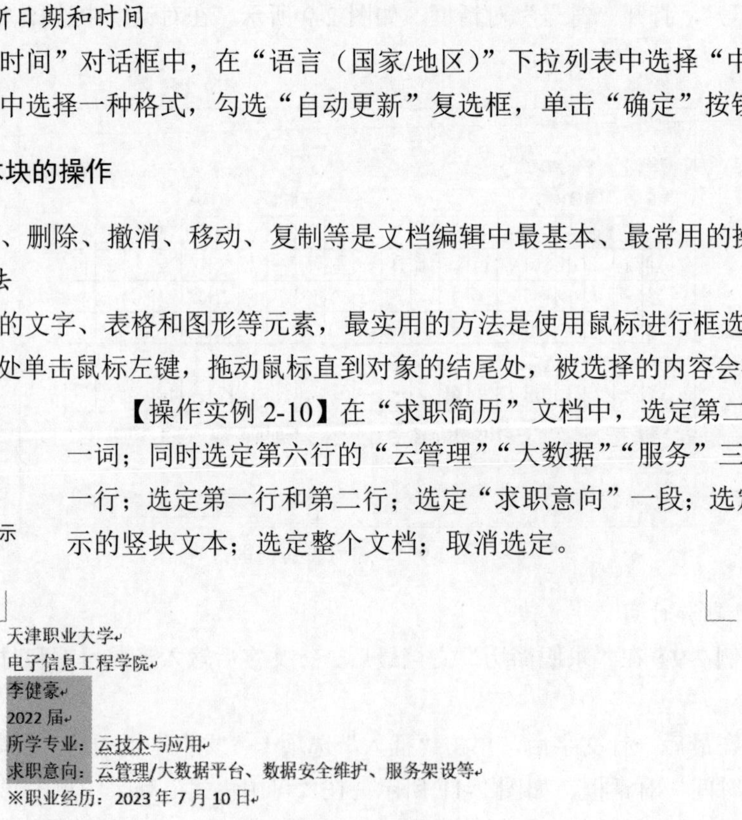

天津职业大学
电子信息工程学院
李健豪
2022 届
所学专业：云技术与应用
求职意向：云管理/大数据平台、数据安全维护、服务架设等
※职业经历：2023 年 7 月 10 日

图 2-12　选定竖块文本

选定一个词：在汉字词语或英文单词上双击鼠标左键，可选择一个汉字词语或英文单词。

选定不连续的多个词：按住<Ctrl>键，在词语上双击鼠标左键，可选择不连续的词语。

选定某一行：将鼠标指针移到该行左侧的选定栏中，当鼠标指针变成箭头形 时，单击鼠标左键。

选定连续两行：将鼠标指针移到这两行左侧的选定栏中，按住鼠标左键拖动。

选定某一段：将鼠标指针移到该段左侧的选定栏中，双击鼠标左键。

选定竖块文本：将鼠标指针指向该竖块文本的第一个词前（本例中为"姓名"前），按住<Alt>键，然后按住鼠标左键拖到文本块的对角（本例中为"求职意向："后）。

选定整个文档：将鼠标指针移到选定栏中，然后单击三次鼠标左键。

取消选定：单击屏幕上的任意位置，或者按键盘上的箭头键即可。

2. 使用键盘选定文本

使用键盘的组合键也可选定文本。按<Home>键可使插入点移到行首，按<Shift+Home>键选定从当前插入点到行首的文本；按<Ctrl+A>键选定整个文档；等等。

2.2.3 插入、改写和删除

1. 插入状态

插入状态是进行文字输入的基本状态，在插入状态输入文字时，光标位置后面的内容将随着输入后光标的移动而自动向后移动。当状态栏上为"插入"字样时，系统处于插入状态。

2. 改写状态

按下<Insert>键或者单击状态栏上的"插入"字样，此时系统处于改写状态。将光标放置在改写位置，此时所输入的文字位置处原来的内容会随着输入后光标的移动而自动消失，不会向后移动。

3. 删除字符

删除字符有两种形式：向后删除字符和向前删除字符。

向后删除字符：指删除插入点以后的内容，使用<Delete>键，具体操作是将插入点移动到要删除字符开始处，每按一次<Delete>键，就会删除插入点右侧的一个字符。

向前删除字符：指删除插入点以前的内容，使用<Backspace>键，具体操作是将插入点移动到要删除字符后，每按一次<Backspace>键，就会删除插入点左侧的一个字符。

2.2.4 查找与替换

查找与替换是修改文档时常用的一种操作。当发现一篇文章中的某个常用的词多次录入错误，例如，将"学院"都写成了"学员"，如果逐个修改，要花大量时间，而用 Word 2010提供的查找和替换功能可以快速找出错误并改正。

1. 查找

（1）常规查找。

【操作实例 2-11】查找"求职简历"文档中的"云"。

打开要编辑的文档。单击"开始"选项卡"编辑"组中的"查找"按钮（或按<Ctrl+F>

键），在导航窗格上方出现查找文本框，如图 2-13 所示。输入要查找的"云"，文档中被找到的内容将亮色显示。

图 2-13　导航窗格

单击查找栏右侧的上三角按钮▲或下三角按钮▼按钮可查找上一处或下一处。如果找到的内容不是自己想要的那一处，则继续单击▼。找到所需的内容后按<Esc>键，或者单击查找文本框右侧的关闭按钮，返回到文档中。

（2）高级查找。高级查找是查找指定格式的文字和特殊字符。

1）查找指定格式的文字，例如带有颜色的文字等，其操作如下：

单击"导航窗格"的查找栏右侧的下拉按钮，在打开的下拉菜单中执行"高级查找"命令，弹出"查找和替换"对话框。在"查找和替换"对话框输入文字内容，如要查找某种格式的所有文字，则不必输入内容。单击对话框底部的"更多"按钮，再单击"格式"按钮（图2-14），并设置所需查找文字的格式，单击"确定"按钮关闭对话框。单击"查找下一处"按钮，Word 2010 开始查找。

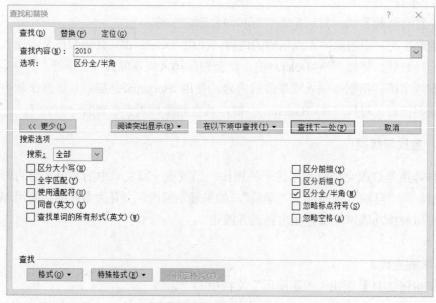

图 2-14　"格式"按钮

2）查找特殊字符，例如段落标记、制表符以及省略号等。

【操作实例2-12】查找"求职简历"文档中的段落标记。

打开"查找和替换"对话框，单击对话框底部的"更多"按钮。单击对话框底部"特殊格式"按钮，弹出特殊字符列表，如图2-15所示，在其中选择"段落标记"。单击对话框中的"查找下一处"按钮，即可找到文档中的段落标记。

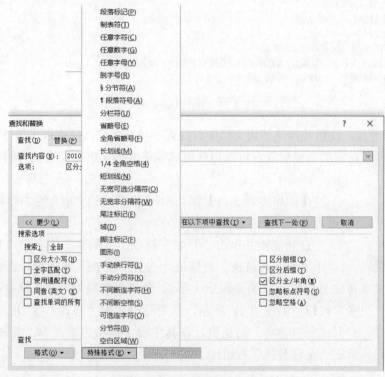

图2-15   "特殊格式"按钮

2．替换

如果找到了所需的内容后，想把它替换为其他内容，这时候就要用到替换的功能。

（1）常规替换。

【操作实例2-13】将"求职简历"文档中的"云"替换为"云计算"。

单击"开始"选项卡"编辑"组中的"替换"按钮，弹出"查找和替换"对话框，选择"替换"选项卡，如图2-16所示。

图2-16   "替换"选项卡

　　在"查找内容"文本框中输入要查找的内容"云"，按<Tab>键将插入点移到"替换为"文本框中，输入要替换的文字"云计算"。单击"全部替换"按钮，则 Word 2010 将全文中查找到的内容自动替换成指定内容，替换后的"求职简历"文档如图 2-17 所示。

天津职业大学↵
电子信息工程学院↵
李健豪↵
2022 届↵
所学专业：云计算技术与应用↵
求职意向：云计算管理/大数据平台、数据安全维护、服务架设等↵
※职业经历：2023 年 7 月 10 日↵

图 2-17　操作实例效果

　　（2）高级替换。高级替换是替换文档中的格式和特殊字符，替换格式与替换文字有很多类似之处，不同的是它的功能更强，可以用任何其他格式的文字来替换已有的文字或带有特定格式的文字。

操作实例 2-14 视频演示

　　【操作实例 2-14】将"求职简历"文档中所有的"天津职业大学"设置为隶书、红色字体。

　　打开文档并单击"开始"选项卡"编辑"组中的"替换"按钮，弹出"查找和替换"对话框，选择"替换"选项卡。在"查找内容"与"替换为"文本框中分别输入"天津职业大学"，单击"替换为"文本框中的文本，单击对话框底部的"更多"按钮，如图 2-18 所示，从对话框底部"格式"按钮的下拉列表中选择"字体"命令，打开"替换字体"对话框，在其中将字体颜色设置为"隶书、红色"，单击"确定"按钮。单击"全部替换"按钮。

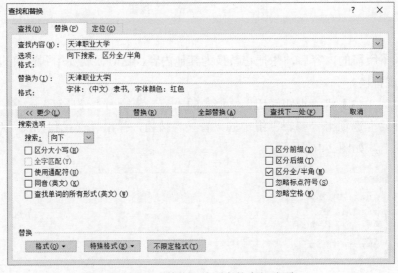

图 2-18　"替换"选项卡的高级选项

　　"查找和替换"对话框的高级选项用法如下。

在"搜索"列表框中可以指定搜索的方向，其中包括以下三个选项：

- "全部"选项：从插入点处搜索到文档末尾后，再继续从文档开始处搜索到插入点位置。
- "向上"选项：从插入点位置向文档头部进行搜索。
- "向下"选项：从插入点位置向文档尾部进行搜索。

在对话框的下方有十个复选框：

- "区分大小写"复选框：勾选该复选框，Word 2010 只能搜索到与在"查找内容"框中输入文本的大、小写完全匹配的文本。
- "全字匹配"复选框：勾选该复选框，Word 2010 仅查找整个单词，而不是较长单词的一部分。
- "使用通配符"复选框：勾选该复选框，可以在"查找内容"文本框中使用通配符、特殊字符或特殊操作符；若没选中该复选框，Word 2010 会将通配符和特殊字符视为普通文字。通配符、特殊字符的添加方法是，单击"特殊字符"按钮，然后从弹出的列表中单击所需的符号。
- "同音（英文）"复选框：勾选该复选框，Word 2010 可以查找发音相同但拼写不同的单词。
- "查找单词的所有形式"复选框：勾选该复选框，Word 2010 可以查找单词的所有形式。
- "区分前缀"复选框：勾选该复选框，Word 2010 可以查找与目标内容开头字符相同的单词。
- "区分后缀"复选框：勾选该复选框，Word 2010 可以查找与目标内容结尾字符相同的单词。
- "区分全/半角"复选框：勾选该复选框，Word 2010 会区分全角或半角的数字和英文字母。
- "忽略标点符号"复选框：勾选该复选框，Word 2010 在查找目标内容时忽略标点符号。
- "忽略空格"复选框：勾选该复选框，Word2010 在查找目标内容时忽略空格。

在对话框的底部有三个按钮：

- "格式"按钮：单击该按钮，会出现一个列表让你选择所需的命令，以设置"查找内容"文本框与"替换为"文本框中内容的字符格式、段落格式以及样式等。
- "特殊格式"按钮：在"查找内容"文本框与"替换为"文本框中插入一些特殊字符，如段落标记和制表符等。
- "不限定格式"按钮：用于取消"查找内容"文本框与"替换为"文本框中指定的格式。只有利用"格式"按钮设置格式之后，"不限定格式"按钮才变为可选。

2.2.5 移动与复制

1. 移动文本

【操作实例 2-15】将"求职简历"文档中的"服务架设"移到文本"数据安全维护"前，实现效果如图 2-19 所示。

天津职业大学↵
电子信息工程学院↵
李健豪↵
2022 届↵
所学专业：云计算技术与应用↵
求职意向：云计算管理/大数据平台、服务架设、数据安全维护等↵
※职业经历：2023 年 7 月 10 日↵

图 2-19　操作实例效果

（1）直接拖动。选定要移动的文本"数据安全维护"，将鼠标指针指向选定的文本，然后按住鼠标左键拖动（拖动时，会出现虚线插入点表明移动的位置）。拖动虚线插入点到文本"服务架设"前，松开鼠标左键即可。

（2）使用剪贴板。选定要移动的文本"数据安全维护"，单击"开始"选项卡"剪贴板"组中的"剪切"按钮 ✂（或按<Ctrl+X>键）。将插入点移到文本"服务架设"前，单击"开始"选项卡"剪贴板"组中的"粘贴"按钮 📋（或按<Ctrl+V>键）即可。

2．复制文本

【操作实例 2-16】将"求职简历"文档中的"电子信息工程学院"复制到"天津职业大学"后，实现效果如图 2-20 所示。

天津职业大学电子信息工程学院↵
电子信息工程学院↵
李健豪↵
2022 届↵
所学专业：云计算技术与应用↵
求职意向：云计算管理/大数据平台、服务架设、数据安全维护等↵
※职业经历：2023 年 7 月 10 日↵

图 2-20　操作实例效果

（1）鼠标拖动法复制文本。选定要复制的文本"电子信息工程学院"，将鼠标指针指向选定的文本，按住鼠标左键拖动（拖动时，系统会出现虚线插入点，表明复制的位置）。拖动虚线插入点到文本"天津职业大学"后，按住<Ctrl>键，再松开鼠标左键即可。

（2）用剪贴板复制文本。选定要复制的文本"电子信息工程学院"，单击"开始"选项卡"剪贴板"组中的"复制"按钮 📋（或按<Ctrl+C>键），将插入点移到文本"天津职业大学"后，单击"开始"选项卡"剪贴板"组中的"粘贴"按钮 📋（或按<Ctrl+V>键）即可。

在 Word 2010 中，剪贴板位于"开始"选项卡左侧，单击"剪贴板"组中右下角的"剪贴板"按钮，可以调出"剪贴板"任务窗格。剪贴板可以记住 24 项剪贴内容，如果复制了多于 24 项的内容，Office 剪贴板将会删除复制的第 1 项，然后收集第 25 项。

【操作实例 2-17】使用剪贴板将"求职简历"文档中的文本"天津职业大学""电子信息工程学院""李健豪"复制到最后一行，实现效果如图 2-21 所示。

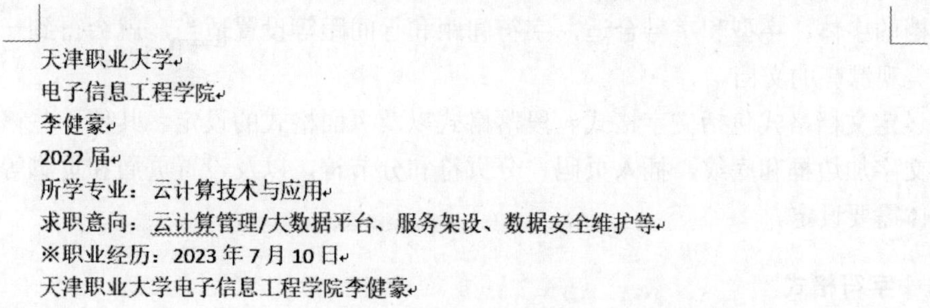

天津职业大学↵
电子信息工程学院↵
李健豪↵
2022 届↵
所学专业：云计算技术与应用↵
求职意向：云计算管理/大数据平台、服务架设、数据安全维护等↵
※职业经历：2023 年 7 月 10 日↵
天津职业大学电子信息工程学院李健豪↵

图 2-21　操作实例效果

选定文本"天津职业大学"，执行"开始"选项卡"剪贴板"组中的"复制"命令；选定文本"电子信息工程学院"，执行"复制"命令；选定文本"李健豪"，执行"复制"命令。单击"开始"选项卡"剪贴板"组中右下角的"剪贴板"按钮，调出"剪贴板"任务窗格。将插入点移到文档最后一行，单击"剪贴板"任务窗格中的"全部粘贴"按钮。

3．使用格式刷复制文本格式

一篇文档中如有多处文字和段落的格式相同，那么只需要设置一次，其他相同格式处都可以从已设置格式的地方使用格式刷复制文本的格式，从而避免了重复操作，节约了时间。复制格式的操作方法如下：

选中要复制格式的文本。单击"开始"选项卡"剪贴板"组中的"格式刷"按钮 ，这时鼠标指针变成了一把刷子。选择要应用这种格式的文本或段落，用格式刷刷过的文本就改变了格式。

如将选中的格式复制到多处，可以双击"格式刷"按钮，再按上述方法进行复制。当格式刷复制过一次后，格式刷操作不会被清除，直到格式复制全部完毕，再单击一次"格式刷"按钮或按<Esc>键，格式刷操作才会被清除。

2.2.6　撤消与恢复

1．撤消

在编辑文本的过程中，如果进行了某个错误操作，可以把它撤消。撤消操作可以撤消前一步操作，也可以撤消连续前几步操作，具体操作如下：

可以单击一次快速访问工具栏的"撤消"按钮 （或按<Ctrl+Z>键），取消上一次操作。当取消前几步操作时，可以连续点击"撤消"按钮（或连续按<Ctrl+Z>键），也可单击"撤消"按钮旁边的下拉按钮，再在其下拉列表中选择欲撤消的前几步操作。

2．恢复

恢复与撤消对应，被撤消的操作也可以被恢复，具体操作方法如下：

可以单击一次快速访问工具栏的"恢复"按钮 （或按<Ctrl+Y>键），取消上一次撤消操作。

2.3　文　字　处　理

设定文档的格式就是对文档的加工和修饰，所以设定文档格式是文字处理中必不可少的环节。文档的字体、字型和字号合适，字符间距和行间距等设置适当，就会得到一份版面层次明晰、美观漂亮的文档。

通常设定文档格式包括文字格式、段落格式以及页面格式的设定。其他一些修饰性的格式设定如文字加边框和底纹，插入页码、分页符和分节符，以及设置页眉和页脚等，可根据文档的具体需要设定。

2.3.1 字符格式

Word 2010 中在对文字、图形等进行操作的时候，要遵循"先选中、后设置"的原则。所以设定文字格式之前，先要选中欲改变格式的文字，然后设置的结果才能体现在被选中的文字上。以下介绍的操作中，都假设已经将文字选定。

1. 使用功能区的工具按钮设置文字格式

【操作实例 2-18】使用功能区的工具按钮将"求职简历"文档中的"天津职业大学"设定为"楷书""二号""加粗""倾斜""蓝色"，实现效果如图 2-22 所示。

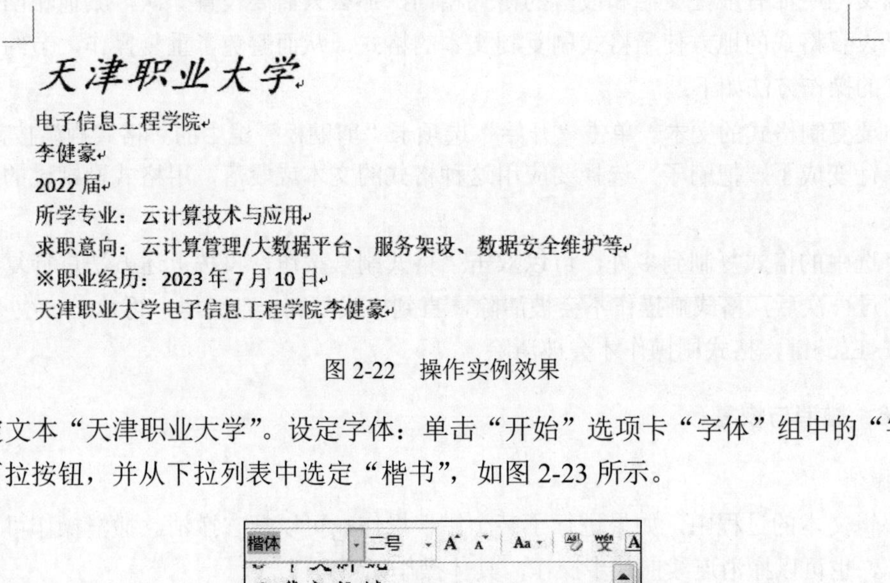

天津职业大学

电子信息工程学院
李健豪
2022 届
所学专业：云计算技术与应用
求职意向：云计算管理/大数据平台、服务架设、数据安全维护等
※职业经历：2023 年 7 月 10 日
天津职业大学电子信息工程学院李健豪

图 2-22 操作实例效果

选定文本"天津职业大学"。设定字体：单击"开始"选项卡"字体"组中的"字体"列表框的下拉按钮，并从下拉列表中选定"楷书"，如图 2-23 所示。

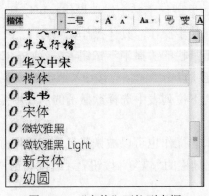

图 2-23 "字体"下拉列表框

设定字号：单击"字号"列表框的下拉箭头，在下拉列表中选择"二号"。
设定字形：选中"加粗""倾斜"。

设定字体的颜色：单击"字体颜色"的下拉箭头，在下拉列表中选择"蓝色"。

2. 使用"字体"对话框设置文字格式

【操作实例2-19】用"字体"对话框完成【操作实例2-18】的文字格式设置要求。

选定文本"天津职业大学"。在选定文本处右击，在弹出的快捷菜单中执行"字体"命令，也可以单击"开始"选项卡"字体"组中右下角的"字体"按钮，打开"字体"对话框。在"字体"选项卡中通过选择不同选项如"中文字体""字形""字号""字体颜色"等进行设置，如图2-24所示。

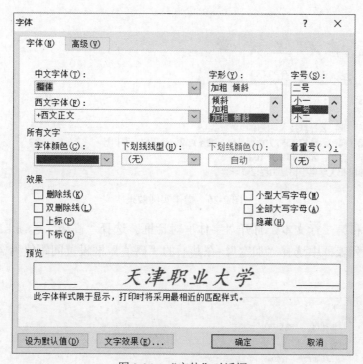

图2-24 "字体"对话框

【操作实例 2-20】用"字体"对话框将"求职简历"文档中第二行文本设定为"华文彩云""加粗""三号""绿色""下划线"，实现效果如图2-25所示。

天津职业大学
电子信息工程学院
李健豪
2022 届
所学专业：云计算技术与应用
求职意向：云计算管理/大数据平台、服务架设、数据安全维护等
※职业经历：2023 年 7 月 10 日
天津职业大学电子信息工程学院李健豪

图2-25 操作实例效果

选中第二行文本，打开"字体"对话框，在"字体"选项卡下单击"中文字体"列表框的下拉箭头，从下拉列表中选择"华文彩云"；在"字形"列表框中选择"加粗"；在"字号"列表框中选择"三号"；单击"字体颜色"列表框的下拉箭头，从下拉列表中选择"绿色"；单击"下划线线型"列表框的下拉箭头，从下拉列表中选择一种下划线类型，还可以从"下划线颜色"列表框中选择下划线的颜色；单击"确定"按钮。

【操作实例 2-21】将"求职简历"文档中第一行和第二行文本的字符间距设置成 4 磅，实现效果如图 2-26 所示。

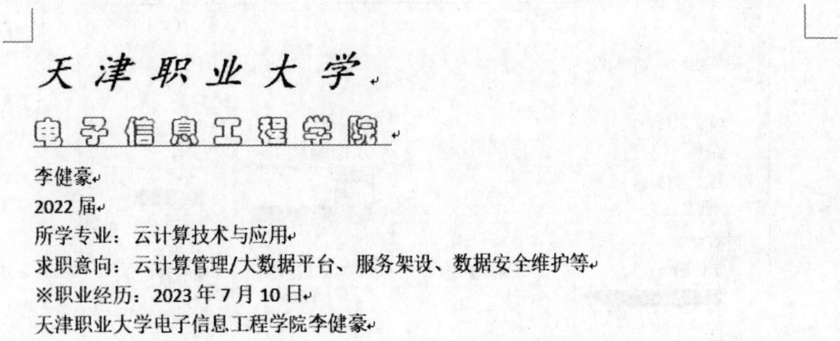

天津职业大学

电子信息工程学院

李健豪
2022 届
所学专业：云计算技术与应用
求职意向：云计算管理/大数据平台、服务架设、数据安全维护等
※职业经历：2023 年 7 月 10 日
天津职业大学电子信息工程学院李健豪

图 2-26　操作实例效果

选择第一行和第二行文本，打开"字体"对话框。选择"高级"选项卡，如图 2-27 所示。从"间距"列表框中选择"加宽"，在其后的"磅值"框设置间距值为 4 磅，单击"确定"按钮。

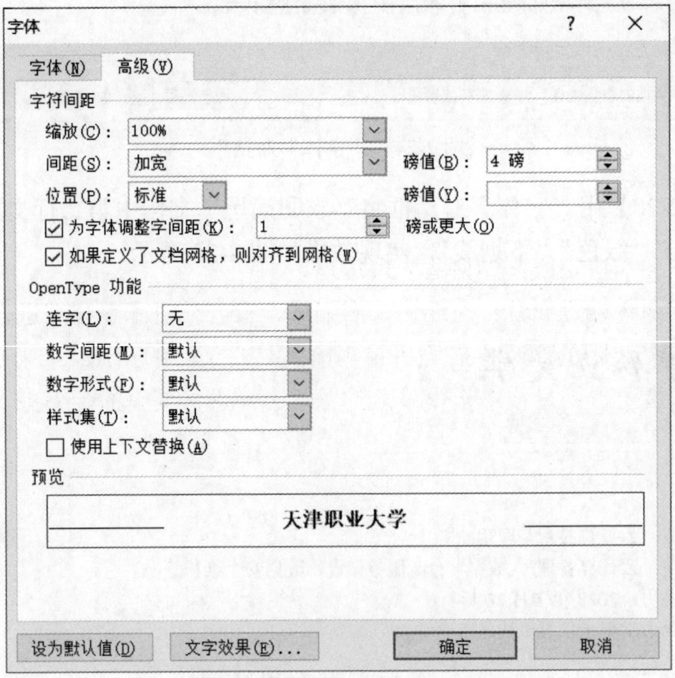

图 2-27　"高级"选项卡

2.3.2 段落格式

Word 2010 中，段落是指任意数量的文本和图形，后面跟一个段落标记。段落格式包括文本的对齐方式、行和行之间的距离、缩进的方式、边框、底纹等。

1. 设置段落对齐

段落对齐方式是指选定段落中的文字在水平方向排版时排列文字的顺序。Word 2010 中常用的段落对齐方式包括左对齐、两端对齐、居中对齐、右对齐和分散对齐五种。

【操作实例 2-22】设置"求职简历"文档中的前二段文本的段落对齐方式为"居中"，实现效果如图 2-28 所示。

天津职业大学
电子信息工程学院

李健豪
2022 届
所学专业：云计算技术与应用
求职意向：云计算管理/大数据平台、服务架设、数据安全维护等
※职业经历：2023 年 7 月 10 日
天津职业大学电子信息工程学院李健豪

图 2-28　操作实例效果

（1）使用工具按钮设置。选中前二段文本。单击"开始"选项卡"段落"组中的"居中"对齐按钮 ≡。

（2）使用"段落"对话框设置。选中前二段文本。单击"开始"选项卡"段落"组中右下角的"段落"按钮，出现"段落"对话框，单击"缩进和间距"标签。单击"对齐方式"列表框下拉箭头，从下拉列表中选择"居中"对齐选项。单击"确定"按钮。

2. 设置段落缩进

有许多因素共同决定文本方式，例如页边距决定页面中所有文本到页面边缘的距离，而段落的缩进和对齐方式决定段落如何适应页边距。

段落缩进包括四种缩进属性：左缩进、右缩进、首行缩进和悬挂缩进，如图 2-29 所示。左缩进控制段落与左边距的距离；右缩进控制段落与右边距的距离；首行缩进控制段落的第一行第一字符的起始位置；悬挂缩进使段落的首行不缩进，其余的行缩进。

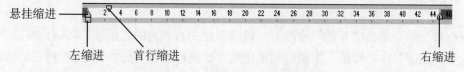

图 2-29　水平标尺上的缩进标记

设置段落缩进的方法有如下三种：

（1）利用按钮设置。选定要设置缩进的段落或把插入点移到该段落，单击"开始"选项

卡"段落组"的"减少缩进量"按钮 或"增加缩进量"按钮 ，可向左或向右缩进段落。

（2）使用标尺设置段落缩进。选定要设置缩进的段落或将插入点置于要设置缩进的段落中，拖动水平标尺中的缩进标记可完成缩进操作。

（3）利用"段落"对话框设置段落缩进量。

【操作实例2-23】将"求职简历"文档中的第三段文本左缩进8个字符。

选择第三段文字。单击"开始"选项卡"段落"组中右下角的"段落"按钮，出现"段落"对话框，如图2-30所示。在"缩进"区中，设置"左侧"为8字符。

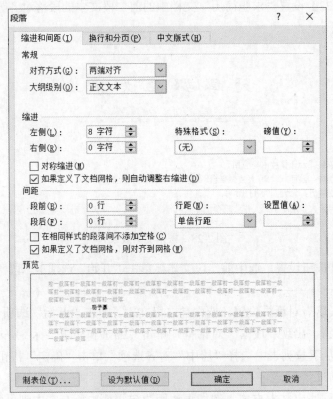

图 2-30 "段落"对话框

3. 设置行间距和段间距

【操作实例2-24】将"求职简历"文档中文本的行距设置为2倍行距，设置第一段的段前和段后间距都为1行、第二段的段后间距为2行、第三段的段后间距为3行、倒数第二段的段后间距为4行，实现效果如图2-31所示。

操作实例 2-24 视频演示

选择全部文字。单击"开始"选项卡"段落"组中右下角的"段落"按钮，打开"段落"对话框，在"间距"区"行距"下拉列表框中选"2倍行距"，单击"确定"按钮。将光标停在第一段某个位置，打开"段落"对话框，在"间距"区中的"段前"和"段后"框中都选择1行。用同样的方法设置第二段的段后间距为2行、第三段的段后间距为3行、倒数第二段的段后间距为4行。

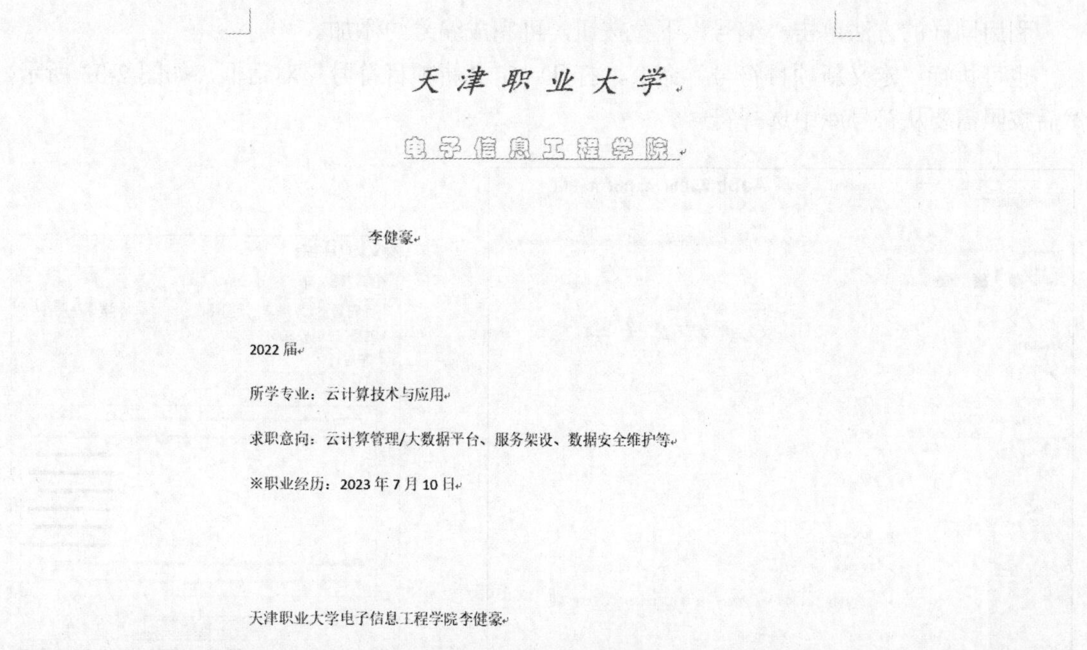

天津职业大学

电子信息工程学院

李健豪

2022 届

所学专业：云计算技术与应用

求职意向：云计算管理/大数据平台、服务架设、数据安全维护等

※职业经历：2023 年 7 月 10 日

天津职业大学电子信息工程学院李健豪

图 2-31　操作实例效果

"行距"用于设置行高。默认设置为"单倍行距"，用户可根据需要来自行设定。"行距"的下拉列表中给出了 6 种选项，其中"单倍行距"是一种 Word 根据字体大小自动调节的最佳行距；"1.5 倍行距""2 倍行距""多倍行距"都是相对于"单倍行距"而言的；"最小值"通常由 Word 自动调节为能容纳段中较大字体或图形的最小行距；"固定值"是将行距设置为不需要 Word 调节的固定行距。

"行距"框后的"设置值"对于"单倍行距""1.5 倍行距""2 倍行距"不起作用，只有对于"最小值"和"固定值"可设置磅值。

4.　段落的拆分与合并

段落的拆分是把一个段落拆分成两段，方法是：在欲拆分的地方设置插入点，按回车键。

段落合并是把两个段落合并成一段，方法是：在欲合并的地方设置插入点，按<Delete>键删除段落标记，从而将下面一段合并到该行上。

2.3.3　设置项目符号和编号

对于那些按一定顺序排列的项目，可以创建编号列表或项目符号列表。适当正确地使用项目符号和编号，文章就显得整齐、有条理，能增强文章的可读性。

设置项目符号和编号，可以使用"开始"选项卡"段落"组中的"编号"或"项目符号"按钮。

【操作实例 2-25】为"求职简历"文档中第四段到第六段的文本加项目符号。

给段落加项目符号和编号的步骤：选定文档中第四段到第六段的文本，单击"开始"选项卡"段落"组中的"项目符号"下拉按钮，出现"项目符号库"下拉列表，如图 2-32 所示。选择其中一种类型的项目符号，完成项目符号的添加。

利用同样的方法单击"编号"下拉按钮，可完成编号的添加。

也可执行"定义新项目符号"命令，打开"定义新项目符号"对话框，如图 2-33 所示，然后按照需要从符号库中选择符号。

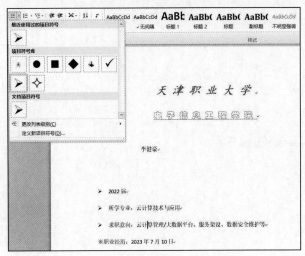 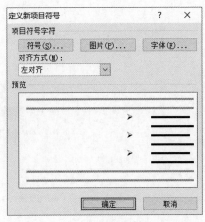

图 2-32　"项目符号库"下拉列表　　　　图 2-33　"定义新项目符号"对话框

2.3.4　设置边框和底纹

进行 Word 文档编辑时，为了让文档适应一些有特殊用途的对象，如请柬、备忘录等，需要为文字、段落和页面加上边框和底纹，以增强文档的生动性和实用性。

1. 设置边框

选定要加边框的文本，单击"页面布局"选项卡"页面背景"组中的"页面边框"按钮，打开"边框和底纹"对话框，如图 2-34 所示。选择"边框"选项卡，在"设置""样式""颜色""宽度"列表中选定所需内容，在"应用于"列表框选定"文字"。在查看预览结果后单击"确定"按钮。

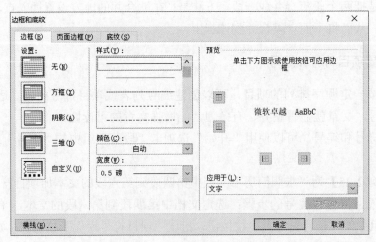

图 2-34　"边框和底纹"对话框

【操作实例 2-26】为"求职简历"文档中"所学专业"加蓝色文字边框,为最后一段加下边框,实现效果如图 2-35 所示。

操作实例 2-26 视频演示

选定"所学专业"。单击"页面布局"选项卡"页面背景"组中的"页面边框"按钮,打开"边框和底纹"对话框。选择"边框"选项卡,选项卡左侧的"设置"组是边框的格式,选择"方框"。在右下角的"应用于"中选定"文字"。选项卡中部有"样式""颜色""宽度"下拉列表框,选定线型、蓝色和宽度,单击"确定"按钮,边框设置完毕。

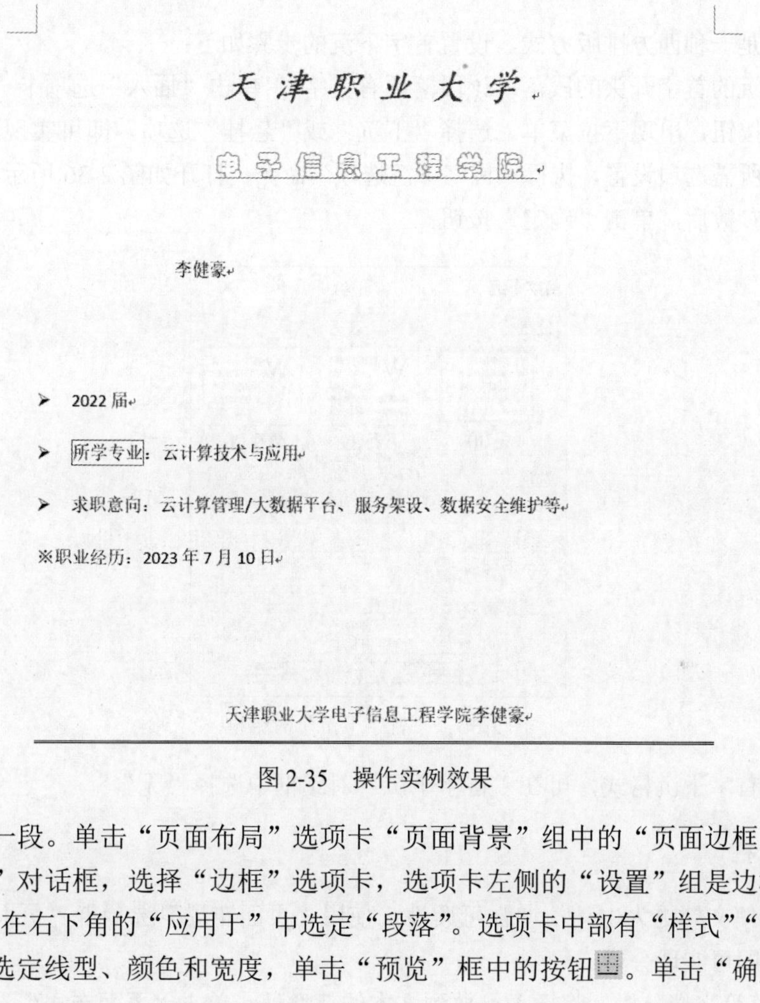

天津职业大学

电子信息工程学院

李健豪

➢ 2022 届

➢ 所学专业:云计算技术与应用

➢ 求职意向:云计算管理/大数据平台、服务架设、数据安全维护等

※职业经历:2023 年 7 月 10 日

天津职业大学电子信息工程学院李健豪

图 2-35 操作实例效果

选定最后一段。单击"页面布局"选项卡"页面背景"组中的"页面边框"按钮,打开"边框和底纹"对话框,选择"边框"选项卡,选项卡左侧的"设置"组是边框的格式,选择"自定义"。在右下角的"应用于"中选定"段落"。选项卡中部有"样式""颜色""宽度"下拉列表框,选定线型、颜色和宽度,单击"预览"框中的按钮。单击"确定"按钮,边框设置完毕。

2. 设置底纹

设置底纹的操作与设置边框基本一致。

选定对象。单击"页面布局"选项卡"页面背景"组中的"页面边框"按钮,打开"边框和底纹"对话框,选择"底纹"选项卡后进行底纹设置。

(1)设置填充颜色。可在标准色中选择,如不满意,也可以选择"其他颜色",在出现的"颜色"对话框中选择。

（2）设置填充图案。单击"图案"下的"样式"下拉按钮，在下拉列表框中进行图案样式的选择。

（3）设置图案样式颜色。在选定了一种图案样式后，样式下的"颜色"下拉列表框变为可选，可选定图案样式颜色。

（4）设置应用范围。在其他各项内容选定后，可选择底纹的应用范围。单击"应用于"下拉按钮，在下拉列表框中可选择"文字"或"段落"。

2.3.5　首字下沉

首字下沉是一种西方排版方式，设置首字下沉的步骤如下：

选中要下沉的首字开头的段落（该段落要有文字）。单击"插入"选项卡"文本"组中的"首字下沉"按钮，出现下拉菜单。选择"下沉"或"悬挂"选项，即可实现默认设置效果。如要选择其他所需选项设置，执行"首字下沉选项"命令，打开如图 2-36 所示的"首字下沉"对话框。设置参数后，单击"确定"按钮。

图 2-36　"首字下沉"对话框

若要取消首字下沉格式，可在"首字下沉"对话框中选择"无"。

2.3.6　分栏

分栏可以使文档更为生动，增强可读性。使用"页面布局"选项卡"页面设置"组中的"分栏"功能即可实现分栏。

（1）对整篇文档分栏。将插入点放到文本的任意处。单击"页面布局"选项卡"页面设置"分组中的"分栏"按钮，在打开的下拉菜单（图 2-37）中，单击所需格式的"分栏"按钮即可。如下拉菜单中没有所需分栏格式，可执行下拉菜单最下面的"更多分栏"命令，打开"分栏"对话框，如图 2-38 所示。在"预设"中选择分栏格式，或在"栏数"框中输入分栏数，在"宽度和间距"中设置栏宽和间距。如勾选"栏宽相等"复选框，则分栏后各栏宽相等，否则需要逐栏设置栏宽。如勾选"分隔线"复选框，则在各栏之间加一条分隔线。在"应用于"列表框中选择"整篇文档"，单击"确定"按钮，即完成整篇文档的分栏。

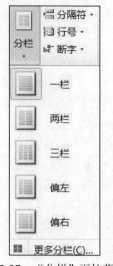

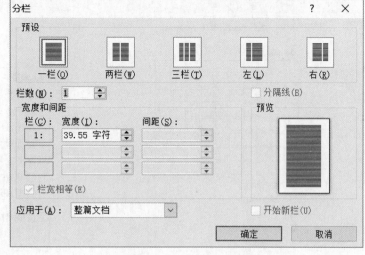

图 2-37 "分栏"下拉菜单   图 2-38 "分栏"对话框

（2）对文档中部分段落分栏。选中要分栏的文本内容，其余操作同整篇文档分栏操作。最后在"应用于"列表框中选择"所选文字"，单击"确定"按钮。

2.4 表 格 处 理

表格由行和列的单元格组成，在单元格中不仅可以填写文字和插入图片，还可以创建有趣的页面版式，或创建 Web 页中的文本、图片和嵌套表格。Word 2010 具有强大的表格处理功能，从而使文档内表格制作和格式化变得非常轻松。

Word 中制作表格的一般思路是：首先创建一个空表，然后边输入内容、边调整表格，最后生成所需的表格。

2.4.1 创建表格

【操作实例 2-27】在"求职简历"文档的第二页创建一个 8 行 4 列的表格。

1. 用"表格"按钮创建表格

将插入点置于要创建表格的位置。单击"插入"选项卡"表格"组中的"表格"按钮，在出现的示例框上按住鼠标左键拖动，以选定所需的 8 行和 4 列（要创建更多行数和列数的表格，可以使鼠标经过所选行和列，用示例框最大可建立 8 行 10 列的表格，如行列数大于 8×10 应使用插入表格对话框建立），在示例框的第一行中显示当前表格的列数和行数，如图 2-39 所示。释放鼠标，即在当前插入点位置创建了表格。

2. 用"插入表格"命令创建表格

将插入点置于要创建表格的位置。单击"插入"选项卡"表格"组中的"表格"按钮，执行"插入表格"命令，出现"插入表格"对话框，如图 2-40 所示。在"列数"和"行数"框中分别输入 4 和 8。单击"确定"按钮，即在当前插入点位置创建了表格。

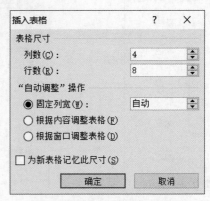

图 2-39　"表格"按钮　　　　　　图 2-40　"插入表格"对话框

在"'自动调整'操作"区有三个选项：

● "固定列宽"选项：列宽是一个确切的值，可以在其后的数值框中进行指定。默认设置为"自动"，表示表格宽度与页面宽度相同。

● "根据内容调整表格"选项：会产生一个列宽由表中内容而定的表格，当在表格中输入内容时，列宽将随着内容的变化而相应变化。

● "根据窗口调整表格"选项：表示表格宽度与页面宽度相同，列宽等于页面宽度除以列数。

3. 用手动绘制创建自定义表格

单击"插入"选项卡"表格"组中的"表格"按钮，执行"绘制表格"命令，进入绘制表格的状态。此时鼠标指针变成笔状，按住鼠标左键拖动就可以绘制表格的外框线、表格内部的行列线和表格斜线。

此方法适用于创建不规则的表格。在绘制过程中，屏幕上会新增一个"表格工具"功能区，并处于激活状态。该功能区包含"设计"和"布局"两组。如果用户不满意绘制出的表格线或单元格，则可以立即将其删除，方法是使用"设计"组中的"擦除"按钮使鼠标变成橡皮形 ，然后将鼠标移到要擦除的表格线上，按住鼠标左键拖动。

4. 文本转换成表格

Word 2010 中，可以把已经存在的文本转换为表格。要进行转换的文本应该是格式化的文本，即文本中的每一行用段落标记隔开，每一列用一种分隔符（如逗号、空格或制表符等）分开。转换方法如下：

给文本添加段落标记和分隔符，选定要转换为表格的文本。单击"插入"选项卡"表格"组中的"表格"按钮，在下拉列表中执行"文本转换成表格"命令，出现如图 2-41 所示的"将文字转换成表格"对话框。Word 能够自动识别文本的分隔符，并在"列数"框中显示出正确的列数（也可以在"文字分隔位置"区中选则或输入用户给定的分隔符）。单击"确定"按钮，即可将选定文本转换成表格。

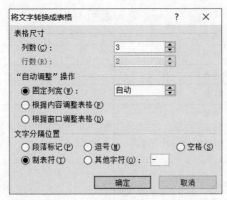

图 2-41　"将文字转换成表格"对话框

2.4.2　表格基本操作

1．选定表格

表格是由一个或多个单元格组成的，单元格就像文档中的文字一样，要对它操作，必须先选取它。除了可以按住鼠标左键在表格中拖动，或在使用箭头键的同时按住<Shift>键来选定单元格之外，还可以使用其他方法选定。

在表格中移动光标有多种方法。可以用鼠标直接定位光标，将鼠标移动到目的单元格上单击鼠标左键；还可以利用键盘在表格中移动光标，比如用键盘的上、下、左、右方向键或<Tab>键等来移动光标。

【操作实例 2-28】选定"求职简历"文档中表格的一个单元格、一行、一列以及整个表格。

操作实例 2-28 视频演示

选定一个单元格：将鼠标指针移到该单元格左边缘处，当鼠标指针变成向右上指的实心黑箭头时，单击鼠标左键。

选定多个连续单元格：在表格的任一单元格内按住鼠标左键，拖动，则鼠标拖过的单元格都被选中。

选定多个非连续单元格：首先选定一个单元格，按住<Ctrl>键，继续选定其他单元格。

选定一整行：将鼠标指针移到该行左边缘处，当鼠标指针变成箭头形 时，单击鼠标左键。

选定一整列：将鼠标指针移到该列顶端边缘处，当鼠标指针变成向下指的实心黑箭头时，单击鼠标左键。

选定整个表格：可以用鼠标从表格的左上角拖动到右下角来选中整个表格；也可以将鼠标指针移到该表格左上角，当出现选中整个表格按钮 时，单击这个按钮。

2．编辑表格

【操作实例 2-29】在"求职简历"文档中的表格上方和表格中输入如图 2-42 所示的内容。

将鼠标指针移到该表格左上角，出现选中整个表格按钮，按住鼠标左键拖动至下一行，使表格整体下移一行，在表格上方输入文本"个人简历"，并将其字体设置为"幼圆"，字号设置为"二号"。在表格中输入图 2-42 所示的文字，并将第一列和第三列的文字字体设置为"楷体"，字形设置为"加粗"，字号设置为"四号"；将第二列和第四列文字字体设置为"楷体""四号"。

个人简历

姓名	李健豪		
性别	男		
出生年月	2002 年 8 月		
民族	汉		
籍贯	天津市	政治面貌	中共党员
专长	云计算管理	所学专业	云计算技术与应用
求职意向	云计算管理/大数据平台、服务架设、数据安全维护		
联系方式	住址：天津市南开区水上公园路 11 号 1-1201。电话：13911111111。邮箱：12345@126.com		

图 2-42　操作实例效果

（1）表格中文本排列方式。

【操作实例 2-30】将"求职简历"文档中的表格中第一列和第三列内文字的对齐方式设置为"水平居中"；第二列和第四列内文字的对齐方式设置为"中部两端对齐"。

选取表格的第一列单元格。右击打开快捷菜单，如图 2-43 所示。执行"单元格对齐方式"命令，在九种对齐方式中选择"水平居中"即可。重复上述操作将第三列内文字的对齐方式设置为"水平居中"；第二列和第四列内的文字对齐方式设置为"中部两端对齐"。

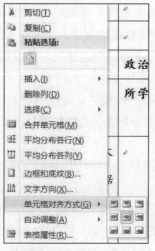

图 2-43　单元格对齐方式

（2）添加行、列、单元格或表格。光标定位在一个要插入行、列、单元格或表格的单元格里，然后在"表格工具"选项卡"布局"功能区"行和列"组中单击相应的按钮即可。

也可以选取一个单元格，右击，在弹出的快捷菜单中执行"插入"命令，在打开的下一级联菜单中选择相应命令，如图 2-44 所示。

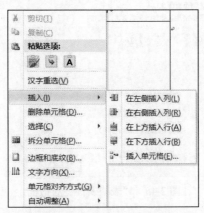

图 2-44　"插入"下拉菜单

如在表格任意一行下面插入一行单元格，可以把光标定位到该行最后一个单元格的最右边的回车符前面，按一下回车键。

如在单元格里插入一个表格，将光标定位在要插入表格的单元格内，单击"插入"选项卡"表格"组中的"表格"按钮，执行"插入表格"命令，出现"插入表格"对话框，选择要插入的行数和列数，单击"确定"按钮。

（3）删除表格的行或列。选定要删除的行或列，单击"表格工具"选项卡"布局"功能区的"行和列"组中的"删除"按钮，即可删除。

（4）调整表格。鼠标放在表格右下角的一个小正方形上，鼠标就变成了一个拖动标记，按下左键拖动鼠标，可以改变整个表格的大小，同时表格中单元格的大小也自动调整。

还可以把鼠标放到表格的框线上，鼠标会变成一个两边有箭头的双线标记，按下左键拖动鼠标，可以改变当前框线的位置，同时也就改变了单元格的大小。或者拖动表格框线在标尺上对应的标记，来改变表格中单元格的大小。

精确地设置行高和列宽，可以单击"表格工具"选项卡"布局"功能区"表"组中的"属性"按钮，打开"表格属性"对话框，如图 2-45 所示，分别选择"行"和"列"选项卡，进行相应的设置。

Word 2010 还提供了表格自动调整的方式：

在任意一个单元格中右击，在弹出的快捷菜单中选择"自动调整"选项，执行"根据内容调整表格"命令，可以看到表格中单元格的大小都发生了变化，仅仅能容下单元格中的内容了。

（5）单元格的合并与拆分。合并与拆分单元格在设计复杂的单元格中经常使用，有时需要将表格的某一行或某一列中的若干单元格合并为一个大的单元格，有时又需要将表格的某些单元格拆分成若干个小单元格。

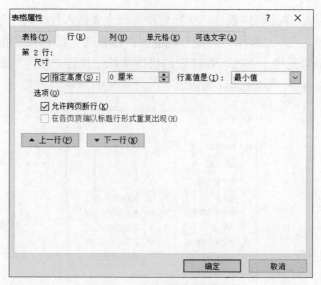

图 2-45 "表格属性"对话框

1）合并单元格。

【操作实例 2-31】将"求职简历"文档的表格按图 2-46 所示合并单元格。

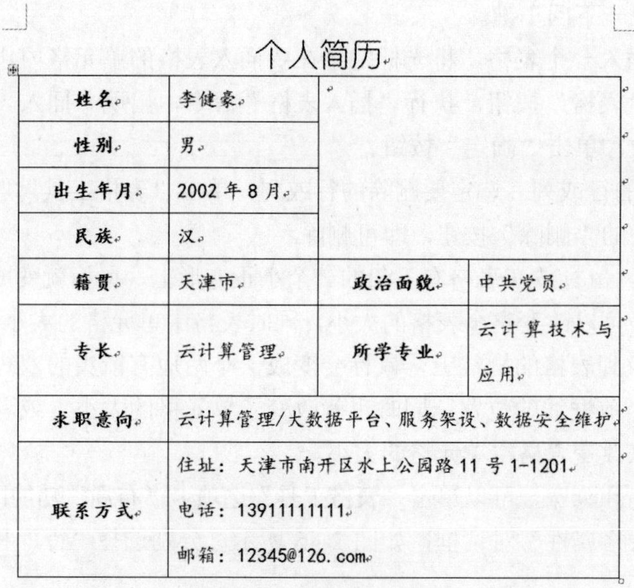

个人简历

姓名	李健豪		
性别	男		
出生年月	2002 年 8 月		
民族	汉		
籍贯	天津市	政治面貌	中共党员
专长	云计算管理	所学专业	云计算技术与应用
求职意向	云计算管理/大数据平台、服务架设、数据安全维护		
联系方式	住址：天津市南开区水上公园路 11 号 1-1201。电话：13911111111。邮箱：12345@126.com。		

图 2-46 操作实例效果

选定要合并的多个单元格，单击"表格工具"选项卡"布局"功能区"合并"组中的"合并单元格"按钮即可。

2）拆分单元格。选中要拆分的单元格或把光标移到该单元格，单击"表格工具"选项卡"布局"功能区"合并"组中的"拆分单元格"按钮，弹出如图 2-47 所示的"拆分单元格"对话框。在"行数"框中输入想要拆分的行数，在"列数"框中输入想要拆分的列数，单击"确定"按钮即可。

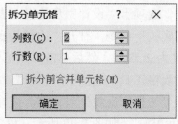

图 2-47　"拆分单元格"对话框

（6）拆分表格。要将一个表格拆分成两个表格，先将插入点置于要成为新表格的第一行中，然后单击"表格工具"选项卡"布局"功能区"合并"组中的"拆分表格"按钮，则从插入点所在的行开始，其之下的行被拆分为另一个表格。

3．表格外观

（1）自定义修饰表格。表格的格式与段落的设置很相似，有对齐、底纹和边框修饰等。

选中整个的表格，单击"开始"选项卡中"段落"组的"两端对齐""居中""左对齐"等按钮，即可调整表格的位置。

为了让表格更加美观，我们可以对表格外观进行一些修饰。

【操作实例 2-32】将"求职简历"文档中表格的外边框线设置为 2.25 磅、颜色设置为"蓝色"；将第一列和第三列单元格底纹设置为"白色，背景 1，深色 25%"；单元格之间的间隙设置为 0.2 厘米，实现效果如图 2-48 所示。

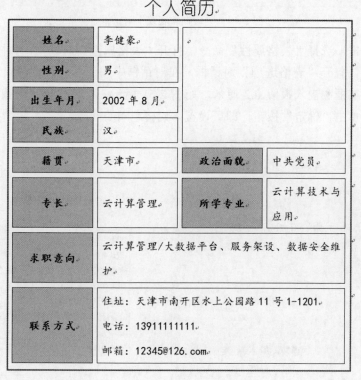

操作实例 2-32
视频演示

图 2-48　操作实例效果

　　选中表格，单击"表格工具"选项卡"设计"功能区"表格样式"组中的"边框"按钮右侧的下拉按钮，执行"边框和底纹"命令，打开"边框和底纹"对话框。选择"边框"选项卡，设置颜色为"蓝色"，宽度为 2.25 磅，然后单击"预览"四周按钮，添加外框线。

　　选中第一列单元格，单击"表格工具"选项卡"设计"功能区"表格样式"组中的"边框"按钮右侧的下拉按钮，打开"边框和底纹"对话框。选择"底纹"选项卡，在"填充"项中，选择"白色，背景 1，深色 25%"，如图 2-49 所示。单击"确定"按钮，设置第一列底纹。用同样的方法设置表格第三列的底纹。

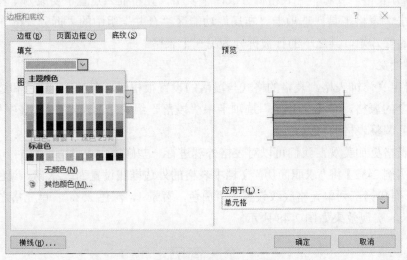

图 2-49　"边框和底纹"对话框

　　在表格中右击，选择"表格属性"命令，打开"表格属性"对话框，如图 2-50 所示。单击"选项"按钮，打开"表格选项"对话框，在对话框中勾选"允许调整单元格间距"复选框，在后面的数字框中输入数值 0.2 厘米，如图 2-51 所示，单击"确定"按钮，返回"表格属性"对话框。单击"确定"按钮，即可设置单元格之间的间隙。

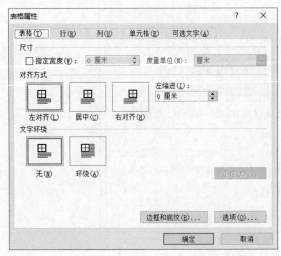

图 2-50　"表格属性"对话框

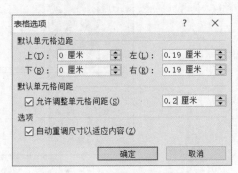

图 2-51　"表格选项"对话框

（2）表格自动套用格式。表格创建后可以使用 Word 2010 中预设的表格样式进行套用以美化修饰。

将插入点移动到要套用格式的表格内，单击"表格工具"选项卡"设计"功能区"表格样式"组右面的下拉按钮，打开"表格样式"列表框，在列表框中单击所需的表格样式即可，如图 2-52 所示。

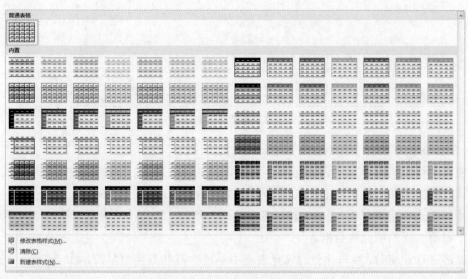

图 2-52　"表格样式"列表框

2.4.3　表格的其他操作

1. 在表格中排序

Word 2010 的排序功能可以将表格中的文本、数字或数据按升序（A 到 Z、0 到 9，或最早到最晚的日期）进行排序，也可以按降序（Z 到 A、9 到 0，或最晚到最早的日期）进行排序。

（1）排序规则。

文字：Word 2010 首先排序以标点或符号开头的项目（如!、#、$、&或%），随后是以数字开头的项目，最后是以字母开头的项目。注意：Word 2010 在排序时将日期和数字作为文本处理。

数字：Word 2010 忽略数字以外的其他字符，数字可以位于段落中的任何位置。

（2）排序操作。插入点置于表格的任意位置。单击"表格工具"选项卡"布局"功能区"数据"组中的"排序"按钮，打开"排序"对话框，如图 2-53 所示。在"主要关键字"列表框中，选择作为第一个排序依据的列名称。在"类型"列表框中指定该列数据的类型，如"笔画""拼音""数字""日期"，然后选择"升序"或"降序"单选按钮，决定排序的顺序。

如要用到更多的列作为排序的依据，则在"次要关键字"及"第三关键字"的下拉列表框中重复操作。如果表格的第一行是标题，在"列表"项中选中"有标题行"单选按钮，这样 Word 2010 在排序时标题行不参与排序。否则，选中"无标题行"单选按钮。设置完毕后，单击"确定"按钮。

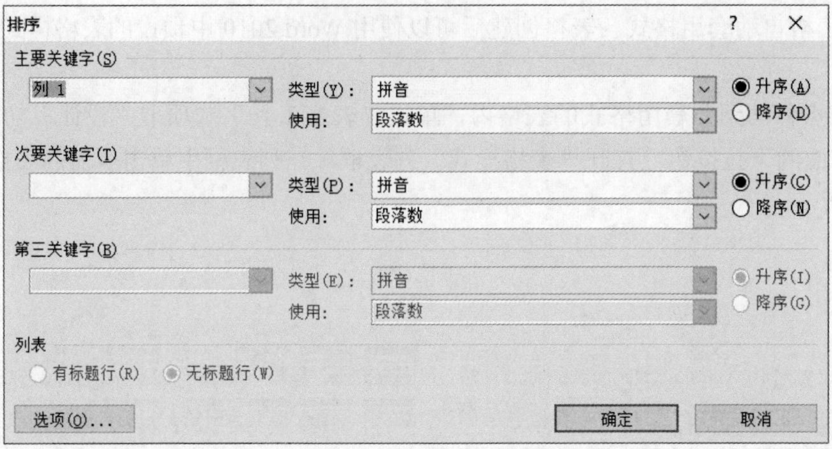

图 2-53　"排序"对话框

2.　在表格中计算

在表格中可以进行基本的四则运算，如加、减、乘、除等，还可以进行几种其他类型的统计运算，例如求和、求平均值、求最大值及求最小值等。

在计算公式中用 A，B，C，…表示表格的列，用 1，2，3，…表示表格的行。例如，A2 表示第 1 列第 2 行的单元格数据。

对表格进行计算时，参与计算的单元表格中不能含有非数值型字符，如"A""\""￥""空格"等符号。

操作方法如下：

单击放置计算结果的单元格。单击"表格工具"选项卡"布局"功能区"数据"组中的"公式"按钮，出现"公式"对话框（注意：如果 Word 2010 提议的公式不是用户所需要的，可以将其从"公式"框中删除，但不要删除等号）。在"粘贴函数"框中，单击所需公式。

例如：要对该单元格上方的所有单元格求和，可以在"公式"中输入"=SUM(ABOVE)"，如图 2-54 所示。

可单击"编号格式"列表框右边的下拉按钮，选择所需的数字格式。单击"确定"按钮，就得到运算结果。

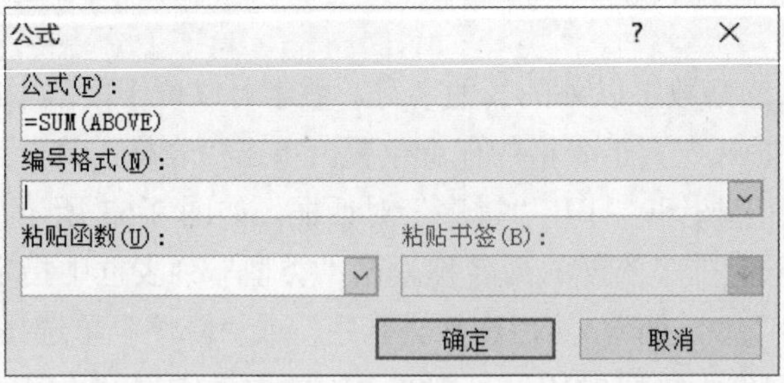

图 2-54　"公式"对话框

如果所引用的单元格中的数据有所改变，则应把光标移到结果的单元格中的数值上，此时该数值以灰色显示。按下<F9>键，即可更改计算结果。

2.5 文档中图形的处理

Word 2010 不仅可以处理文字和表格，同时也提供了一整套图形绘制工具、图片工具、艺术字工具。将图形、图片、艺术字应用到自己的文档中，会产生图、文、表并茂的效果。需要注意的是，Word 2010 中的图形处理需要在页面视图方式下进行。

2.5.1 图形绘制与处理

在 Word 2010 的图形编辑处理中，用户可以绘制所需要的图形。Word 2010 提供了一整套绘图工具，每种工具都有其特定用途。

使用"插入"选项卡"插图"组中的"形状"按钮，可打开自选图形单元列表框，从中选择需要的图形并绘制。

1. 绘制自选图形

单击"插入"选项卡"插图"组中的"形状"按钮，在打开的自选图形列表框中选择需要的图形，在绘图起始位置按住鼠标左键，拖动至结束位置。松开鼠标左键，就可以绘制出直线、箭头、矩形或椭圆等。

【操作实例 2-33】在"求职简历"文档表格中绘制一个"笑脸"图形（表示此处为贴照片处），实现效果如图 2-55 所示。

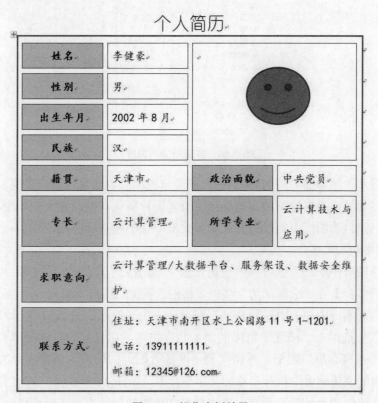

图 2-55　操作实例效果

单击"插入"选项卡"插图"组中的"形状"按钮，在打开的自选图形列表框中包括"线条""矩形""基本形状""箭头总汇""公式形状""流程图""星与旗帜""标注"，如图 2-56 所示。在"基本形状"下单击"笑脸"图形。单击文档中要插入图形的位置，即可插入一个预设大小的"笑脸"图形。如要插入一个自定义尺寸图形，在绘图起始位置按住鼠标左键，然后拖动至结束位置，再松开鼠标左键即可。

图 2-56　自选图形列表框

绘制完图形后，图形的四周有 8 个白色的圆形控制点，拖动任意一个控制点，即可对图形进行缩放、移动等。手工绘制的自选图形可设置图片格式，如设置文字环绕、移动、缩放，或设置边框等，但自选图形不能设置亮度和对比度，也不能进行剪裁。

2．在图形中加入文字

可以在自选图形中添加文字，同时也可设置文字的格式。

【操作实例 2-34】在"求职简历"文档表格的"笑脸"图形下加入"星与旗帜"中的"横卷形"并在该自选图形中加入"贴照片处"四个字，实现效果如图 2-57 所示。

单击"插入"选项卡"插图"组中的"形状"按钮，在打开的自选图形列表框的"星与旗帜"组中单击"横卷形"图形。单击文档中要插入图形的位置，调整图形大小。右击该自选图形，在弹出的快捷菜单中执行"添加文字"命令，如图 2-58 所示。Word 在自选图形里显示插入点，输入"贴照片处"四个字。单击图形之外的任何地方，完成操作。

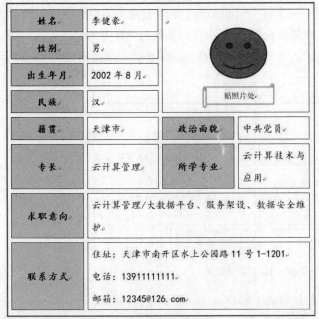

图 2-57　操作实例效果

图 2-58　执行"添加文字"命令

3. 组合与取消组合图形对象

【操作实例 2-35】将"求职简历"文档表格的"笑脸"图形与"横卷形"图形组合成一幅图形，实现效果如图 2-59 所示。

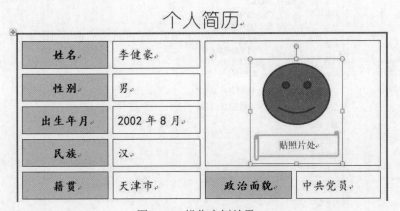

图 2-59　操作实例效果

（1）组合图形。单击一个图形，按住<Shift>键，再单击另一个图形。执行"绘图工具"选项卡"格式"组中的"组合"命令，完成图形组合。

（2）取消图形组合。单击组合后的图形。单击"绘图工具"选项卡"格式"组中的"组合"命令右侧的下拉按钮，在下拉菜单中执行"取消组合"命令。

注意：右击已选定的自选图形，在弹出的快捷菜单中执行"组合"或"取消组合"命令，也可以对自选图形进行组合或取消组合操作。

操作实例 2-36 视频演示

4. 设置图形格式

【操作实例 2-36】将"求职简历"文档表格中的组合图形取消组合。将"笑脸"图形线型设置为"1.5 磅"、线条颜色设置为"蓝色"、填充颜色为"茶色"、加"右上对角透视"样式的阴影，实现效果如图 2-60 所示。

图 2-60　操作实例效果

取消组合操作如前文所述，接下来介绍余下操作。

（1）设置线型及线条颜色。右击"笑脸"图形，在弹出的快捷菜单中执行"设置形状格式"命令，打开"设置形状格式"对话框，如图 2-61 所示。选择"线型"选项，选择 1.5 磅的线型。选择"线条颜色"选项，选择蓝色。

图 2-61　"设置形状格式"对话框

（2）改变填充颜色。选择"填充"选项，选中"纯色填充"单选按钮，在"填充颜色"中选择"茶色"，即给"笑脸"图形填充此颜色。

注意：如果"填充颜色"中的颜色不符合要求，可以单击"填充颜色"中的"其他颜色"命令，然后从"颜色"对话框中选择其他标准的颜色，或者定制所需的颜色。

如果要用过渡、纹理、图案或图片等填充图形，可以选中"填充"中的"图片或纹理填充"单选按钮，然后从出现的"填充效果"对话框中选择所需的填充效果。

（3）设置阴影效果。选择"阴影"选项，出现"阴影"列表，在"阴影"列表中选择"右上对角透视"即可。

除可设置自选图形的阴影外，还可以设置三维效果，方法如下：

右击选定要设置三维效果的图形。在打开的"设置形状格式"对话框中，选择"三维格式"，在"三维格式"中选择一种三维效果，即可给选定的图形设置三维效果。

2.5.2　文本框

文本框是一种特殊的图形对象，可以被置于页面中的任何位置，主要用来在文档中建立特殊文本。Word 2010 对文本框和自选图形对象同样对待，用户可以像对自选图形一样，设置文本框的边框、阴影及三维效果的格式。

（1）插入文本框。

【操作实例 2-37】在"求职简历"文档中的第一页插入文本框，并在其中输入如图 2-62 所示的内容。

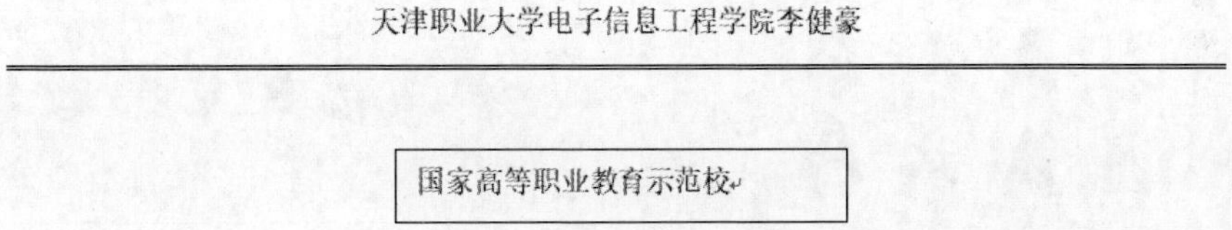

天津职业大学电子信息工程学院李健豪

国家高等职业教育示范校

图 2-62　操作实例效果

单击"插入"选项卡"文本"组的"文本框"按钮，从打开的下拉列表框中执行"绘制文本框"命令。在文档第一页下部拖动鼠标，就会出现一个文本框。在文本框中输入"国家高等职业教育示范校"。

（2）设置文本框格式。文本框具有图形的属性，可像对图形一样进行格式设置。

【操作实例 2-38】将"求职简历"文档中的文本框设置为"淡蓝"填充颜色、无线条颜色，文字居中对齐，实现效果如图 2-63 所示。

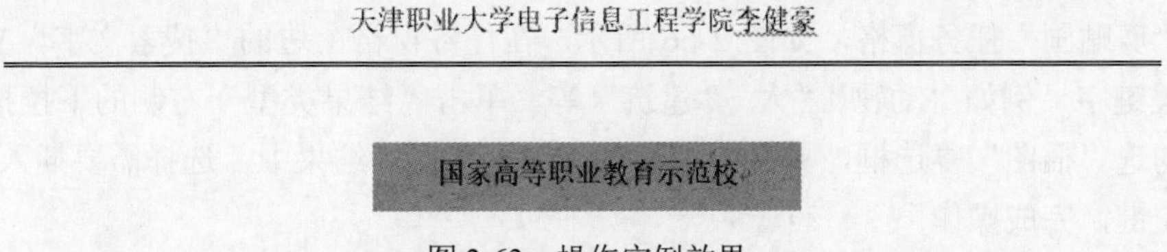

天津职业大学电子信息工程学院李健豪

国家高等职业教育示范校

图 2-63　操作实例效果

右击文本框，打开"文本框"快捷菜单。执行"文本框"快捷菜单中的"设置形状格式"命令，打开"设置形状格式"对话框。将填充颜色设置为"淡蓝"色，线条颜色设置为"无线条颜色"，单击"关闭"按钮。单击文本框中的文字，单击"居中"按钮使文本框中的文字居中对齐。

2.5.3　艺术字

Word 2010 可创建出带阴影、扭曲、旋转和拉伸效果的艺术字，还可以按预定义的形状创建艺术字。Word 2010 插入艺术字的方法如下：

单击"插入"选项卡"文本"组中的"艺术字"按钮，出现如图 2-64 所示的"艺术字"下拉列表框。在下拉列表框中选择所需的艺术字造型，在文档中出现艺术字的文字编辑框，如图 2-65 所示。

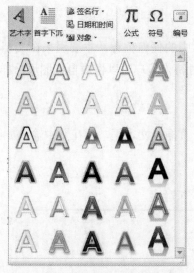

图 2-64　"艺术字"下拉列表框

图 2-65　艺术字的文字编辑框

在文本框中输入需要的文字，然后选中文字内容，在"开始"选项卡"字体"组中对文字进行字体、字号和字形设置。艺术字是作为一种图形对象插入的，因此，对艺术字的操作也可以像对图形一样进行操作。

2.5.4　图片的插入

1. 插入剪贴画或图片

将插入点置于要插入剪贴画的位置。单击"插入"选项卡"插图"组中的"剪贴画"按钮，打开"剪贴画"任务窗格，如图 2-66 所示。在任务窗格上边的"搜索文字"文本框中输入图片的关键字，例如"动物""人""建筑"等。单击"结果类型"右侧的下拉按钮，在下拉菜单中勾选"插图"复选框，单击"搜索"按钮，在搜索结果中，选择需要插入的剪贴画，单击鼠标左键，完成操作。

注意：当鼠标指向"剪贴画"任务窗格中的某张图片时，会出现一个下拉箭头，单击该箭头会弹出一个快捷菜单，执行"插入"命令也可将该张剪贴画插入到文档中，执行其他命令可以完成与剪贴画有关的多种任务。

注：剪贴画与图片的区别是，剪贴画是一种由计算机绘制的以几何图形组成的相对比较粗糙的图形或图画，图片则是更为精美的，大部分来自真实图片的一种由点组成的图形或图画。

图 2-66 "剪贴画"任务窗格

2. 插入外部图片

Word 2010 可以将事先用外部图形图像处理软件处理好的图片插入文档,这些图片文件可来自本地硬盘,也可以来自网络驱动器,甚至来自 Internet。

【操作实例 2-39】在"求职简历"文档的第一页下部插入外部图片,实现效果如图 2-67 所示。

天津职业大学电子信息工程学院李健豪

图 2-67 操作实例效果

将插入点置于第一页文本的下方。执行"插入"选项卡"插图"组中的"图片"命令,出现"插入图片"对话框,如图 2-68 所示。在列表框中指定图片文件所在的位置,双击要插入的图片文件名(或单击"插入"按钮),所选图片即插入指定位置。

图 2-68 "插入图片"对话框

如果要将这个图片文件以链接的方式插入文档，而不是直接将图片直接插入文档，可单击"插入"按钮旁的下拉箭头，从弹出的下拉菜单中选择"链接文件"命令。对于链接的图片文件，在文档中可以看到该图片，但不能编辑。

2.5.5 图片的编辑

可以对插入 Word 文档中的图片进行编辑，如调整其大小或位置等。

1. 图片位置的调整

调整图片在文档中的位置，可以用以下方法：

（1）鼠标拖动。单击需要移动的图片，图片四周将出现八个控制点。将鼠标移至图片上，按下鼠标左键并向目标位置拖动，这时会出现一个代表图片的虚线框随之移动，当移动到合适的位置时松开鼠标即可。

操作实例 2-40 视频演示

（2）精确调整。

【操作实例 2-40】将"求职简历"文档图片中的文字环绕方式设置为"紧密型"，设置"水平"和"垂直"位置距页面分别为 2.5 厘米和 16.5 厘米。

右击图片，在弹出的快捷菜单中执行"大小和位置"命令，打开"布局"对话框，在"文字环绕"选项卡"环绕方式"区中选择"紧密型"，如图 2-69 所示。在"位置"选项卡的"水平"和"垂直"区中选中"绝对位置"单选按钮，设置对齐的依据为"页面"，度量值分别为2.5 厘米和 16.5 厘米，如图 2-70 所示。设置完毕之后单击"确定"按钮，图片被移到指定的位置。

2. 图片的缩放

【操作实例 2-41】缩放"求职简历"文档中的图片，实现效果如图 2-71 所示。

插入的图片大小不一定和文档匹配，因此多数情况下需要缩放图片以改变图片的大小，主要有以下两种方法：

（1）鼠标拖放。单击要缩放的图片，图片四周出现八个白色的圆形控制点。把鼠标放到上面，鼠标就变成了双箭头的形状，按下左键拖动鼠标就可以改变图片的大小。

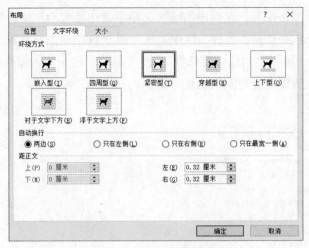

图 2-69 "文字环绕"选项卡

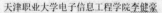

图 2-70 "位置"选项卡

天津职业大学电子信息工程学院李健豪

图 2-71 操作实例效果

（2）精确缩放。右击图片，在弹出的快捷菜单中执行"大小和位置"命令，打开"布局"
对话框，在"大小"选项卡的"缩放"区中勾选"锁定纵横比"复选框（如不需要固定图片
的高度和宽度的比例，则无须勾选该复选框）。在"高度"区中输入图片的高度"8.12 厘米"，
如图 2-72 所示，图片的宽度会自动按比例改变。

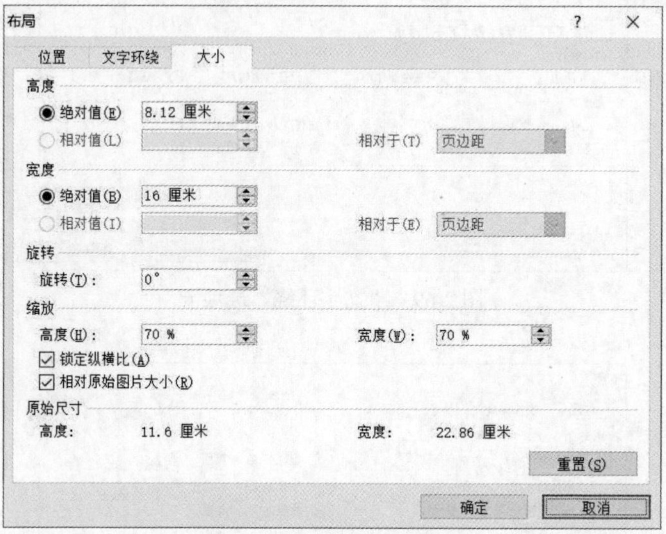

图 2-72 "大小"选项卡

也可在"缩放"区中给出改变大小之后的图片与原始图片在高度或宽度上的百分比，设
置完毕后单击"确定"按钮即可。

3. 图片的文字环绕

插入图片时，图片总是在文字的上下之间，占有较大的页面位置。为了使页面排版更加
紧凑，往往要求文字环绕图片，从而使版面既整洁又美观。

Word 2010 提供了多种文字环绕方式。设置文字环绕时，右击图片，在弹出的快捷菜单中
执行"大小和位置"命令，打开"布局"对话框，选择"文字环绕"选项卡。在"环绕方式"
中选择所需的文字环绕方式，单击"确定"按钮。

2.6 打　　印

文档在打印前要进行页面设置。页面设置是否合理直接关系到文档打印输出质量和可读
性，合理地设计页面的格式才能得到一份满意的打印文档。

2.6.1 页面设置

页面设置主要包括确定每页的行数和字符数、页边距和打印输出所用的纸张大小等，还
有分页控制、设置页码、设置页眉和页脚等。

1. 页面的设置

（1）页边距设置。页边距是文本区到页边界的距离。合理地设置页边距可以使文档结构

更加清晰，也可以留出更充裕的装订空间。

【操作实例 2-42】将"求职简历"文档的上、下、左、右页边距分别设置为 2.4 厘米、2.4 厘米、2.5 厘米、2.5 厘米。

单击"页面布局"选项卡"页面设置"组中右下角的"页面设置"按钮，弹出"页面设置"对话框。在"页边距"选项卡中的"上""下""左""右"框中分别输入 2.4 厘米、2.4 厘米、2.5 厘米、2.5 厘米。在"应用于"列表框中选择要应用的文档范围为"整篇文档"，如图 2-73 所示，设置完毕单击"确定"按钮。

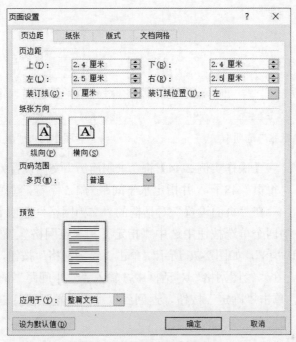

图 2-73   "页边距"选项卡

也可以使用标尺快速地设置页边距，方法如下：

在页面视图中，将鼠标指针放在水平标尺和垂直标尺的页边距线上（标尺上深色与白色的交界处），鼠标指针将变成双向箭头。按住鼠标左键拖动到所需的位置，边界也随之移动。松开鼠标左键，完成页边距的设置。

（2）纸张设置。纸张设置包括"纸张大小"和"纸张来源"两项。

【操作实例 2-43】将"求职简历"文档的"纸张大小"设置为"A4"。

在"页面设置"对话框"纸张"选项卡的"纸张大小"下拉列表中选中"A4"，如图 2-74 所示。

（3）版式。在"页面设置"对话框的"版式"选项卡中可设置页眉、页脚距边界的距离和页面的垂直对齐方式，如图 2-75 所示。

（4）文档网格。文档有时上下的文字不能对齐是因为使用了两端对齐方式，同时又设置了标点压缩等段落格式的原因，而这些都是 Word 2010 的默认设置，如要实现精确的对齐，则要通过文档网格来设置。

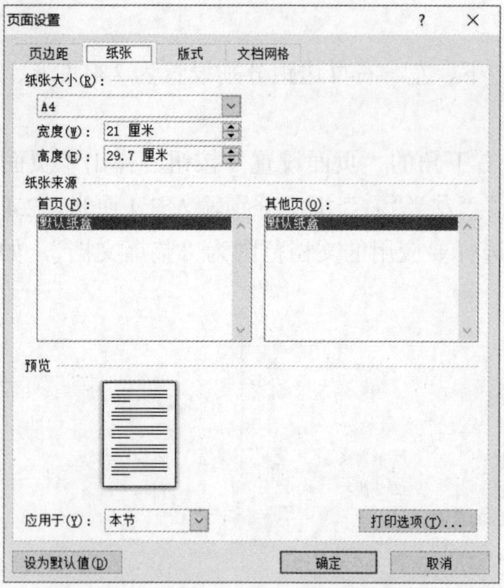

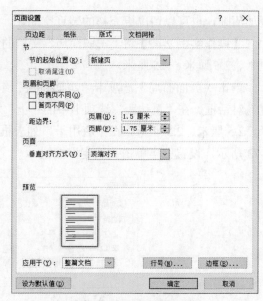

图 2-74 "纸张"选项卡

图 2-75 "版式"选项卡

操作实例 2-44 视频演示

【操作实例 2-44】将"求职简历"文档设置为"每行"45 个字符和"每页"48 行，并指定水平间距为 1.5 字符，垂直间距为 1 行。

在"页面设置"对话框的"文档网格"选项卡中，从"网格"区中的四个单选按钮中选中"指定行和字符网格"，然后在"每行"和"每页"框中输入"45"和"48"，如图 2-76 所示。单击"绘图网格"按钮，打开"绘图网格"对话框，如图 2-77 所示。在"绘图网格"对话框中，输入"水平间距"的字符数"1.5"和"垂直间距"的行数"1"。单击"确定"按钮，返回到"页面设置"对话框。单击"确定"按钮完成设置。

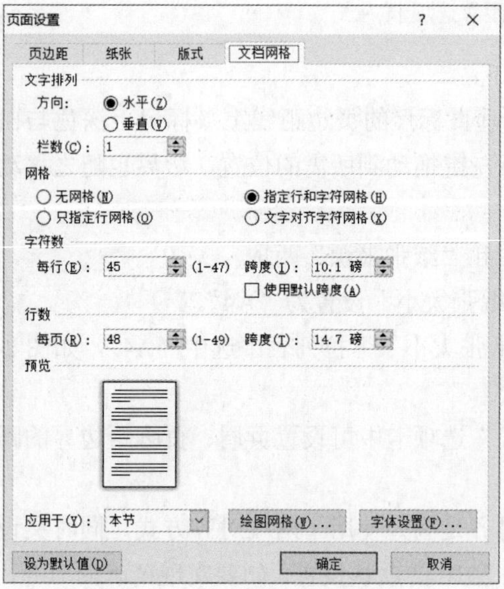

图 2-76 "文档网格"选项卡

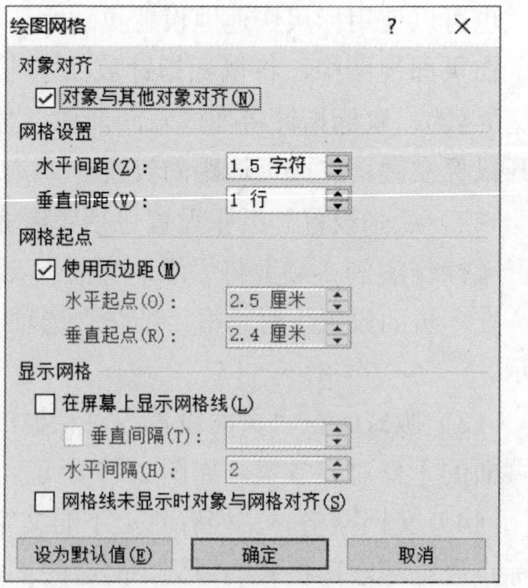

图 2-77 "绘图网格"对话框

2. 页眉和页脚的插入

页眉和页脚分别出现在文档的顶部和底部，在其中可以插入页码、文字或章节名称等内容。在 Word 2010 中，可建立复杂的页眉或页脚，其中可包含页码、日期、时间、文字或图形等。它不是随文本输入的，而是通过命令设置的。页码是最简单的页眉或页脚，页眉页脚只能在页面视图和打印预览方式下才能看到。页眉页脚的设置方法是通过"插入"选项卡"页眉和页脚"组中的按钮来实现的。

（1）设置页眉和页脚。单击"插入"选项卡"页眉和页脚"组中的"页眉"按钮，打开"页眉"版式列表，如图 2-78 所示。在版式列表中选择所需的页眉版式，输入页眉内容。当选定页眉版式后，便激活了"页眉和页脚工具"功能区，此时可对页眉进行编辑。若要退出页眉编辑状态，单击该功能区"关闭"组的"关闭页眉和页脚"按钮即可。如"页眉"版式列表中没有所需的版式，可以执行"页眉"版式列表下方的"编辑页眉"命令，进入页眉编辑状态并输入页眉内容，并在"页眉和页脚工具"功能区中设置页眉相关参数。单击"关闭页眉和页脚"按钮，完成页眉设置。

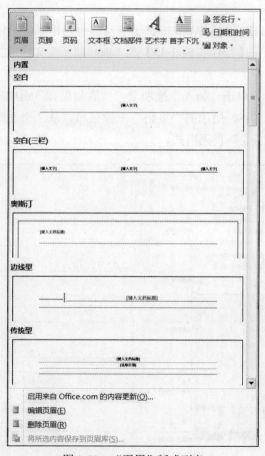

图 2-78　"页眉"版式列表

"页脚"的设置方法与"页眉"类似，利用"插入"选项卡"页眉和页脚"组中的"页脚"按钮即可。

（2）设置奇偶页不同的页眉。单击"插入"选项卡"页眉和页脚"组中的"页眉"按钮，执行"编辑页眉"命令，进入页眉编辑状态。勾选"页眉和页脚工具"功能区"选项"组中的"奇偶页不同"复选框，如图 2-79 所示，分别编辑奇、偶页的页眉内容。单击"关闭页眉和页脚"按钮即完成设置。

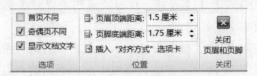

图 2-79　"奇偶页不同"复选框

（3）页眉和页脚的删除。执行"插入"选项卡"页眉和页脚"组中"页眉"下拉菜单中的"删除页眉"命令，即可删除页眉。删除页脚的方法与页眉相似，执行"页脚"下拉菜单中的"删除页脚"命令，即可删除页脚。也可以选中页眉或页脚，然后按<Delete>键，直接删除页眉或页脚。

3．页码的插入

插入页码的文档更方便查阅。Word 提供了丰富的页码格式，可以直接套用。

【操作实例 2-45】在"求职简历"文档的页面底端插入页码，页码居中。

操作实例 2-45 视频演示

单击"插入"选项卡"页眉和页脚"组中的"页码"按钮，打开如图 2-80 所示的"页码"下拉菜单，从"页面底端"列表中选择"普通数字 2"页码格式。

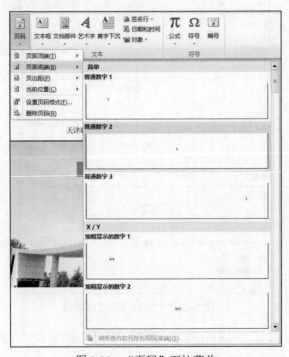

图 2-80　"页码"下拉菜单

改变页码的格式，可在"页码"下拉菜单中执行"设置页码格式"命令，弹出如图 2-81 所示的"页码格式"对话框。在"编号格式"列表框中，可选择所需的数字格式；在"页码编号"区中选中"起始页码"单选按钮，在后面的数值框中可输入文档的起始页码。

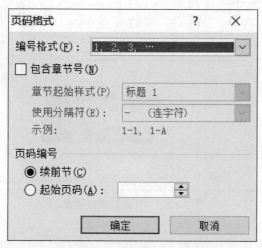

图 2-81   "页码格式"对话框

4. 分页的控制

需要进行强制分页时（如把标题放在页首或将表格完整地放在一页上），可在分页的地方插入一个分页符。

输入文本时，Word 2010 会按照页面设置中的参数使文字占满一行后自动换行，满一页后自动分页。插入分页符后，将从插入分页符的位置强制分页。

如需两段分开在两页显示，则把光标定位到第一段的后面，按<Ctrl+Enter>键，或者单击"插入"选项卡"页"组中的"分页"按钮，还可以单击"页面布局"选项卡"页面设置"组中的"分隔符"按钮，在打开的列表中执行"分页符"命令。

删除"分页符"的操作：在普通视图下，插入分页符的地方会出现一个分页符标记（一条水平虚线）。单击该标记，光标定位到水平虚线中，按<Delete>键后"分页符"被删除。

2.6.2   打印预览

打印预览是打印文档前为预先观看打印效果而显示文档的一种视图，可以显示打印状态时的每一页。可以在打印之前查看文档的打印结果，包括查看文字的编辑排版情况、页边距、页面宽度与高度以及打印的格式等。

【操作实例 2-46】对"求职简历"文档进行打印预览。

执行"文件"中的"打印"命令，在打开的"打印"窗口面板右侧显示打印预览的内容，如图 2-82 所示。

图 2-82　"打印"窗口面板

2.6.3　打印文档

1. 快速打印

通过"打印预览"确定要打印文档后，单击"打印"按钮即可打印文档。

2. 打印部分文档

【操作实例 2-47】打印"求职简历"文档的第 2 页。

单击"打印所有页"右侧的下拉列表按钮，打开下拉列表。在下拉列表中选定"自定义打印范围"，输入要打印的页码"2"，如图 2-83 所示。单击"确定"按钮，即可打印文档的第 2 页。

图 2-83　设置打印文档的第 2 页

本 章 小 结

本章主要介绍了在中文 Word 2010 中有关文档的基本操作，主要包括文档的创建、编辑及其格式的设定；表格以及图形的基本操作，主要包括表格的创建、编辑及表格的格式设置，图形与图片的插入、绘制与编辑处理等；文档的页面设置及打印输出等操作。通过本章学习，读者应能够熟练地使用中文 Word 2010 进行文档的编辑及相关格式的设置，能进行文字、表格与图形图片的综合排版，并输出图文并茂的精美文档。

习 题 2

一、选择题

1. 正确退出 Word 2010 的键盘操作为（　　　）。

   A．Shift+F4　　　　B．Alt+F4　　　　C．Ctrl+F4　　　　D．Ctrl+Esc

2. 在 Word 2010 中，关于页眉和页脚的设置，下列叙述错误的是（　　　）。

   A．允许为文档的第一页设置不同的页眉和页脚

   B．允许为文档的每个节设置不同的页眉和页脚

   C．允许为偶数页和奇数页设置不同的页眉和页脚

   D．不允许页眉或页脚的内容超出页边距范围

3. Word 2010 文档的扩展名为（　　　）。

   A．".dot"　　　　B．".txt"　　　　C．".docx"　　　　D．".bmp"

4. 在 Word 2010 中有一表格，求单元格左面的数据之和，则应选择（　　　）。

   A．=SUM(ABOVE)　　　　　　　　B．=SUM(LEFT)

   C．=SUM(RIGHT)　　　　　　　　D．=SUM(BELOW)

5. 在 Word 2010 中，文档的视图模式会影响字符在屏幕上的显示方式，为了保证字符格式的显示与打印完全相同，应设定（　　　）。

   A．大纲视图　　　　　　　　　　B．Web 版式视图

   C．页面视图　　　　　　　　　　D．草稿视图

6. 在 Word 2010 的编辑状态，当前正编辑一个新建的文档"文档 1"，在执行"文件"菜单中的"保存"命令后（　　　）。

   A．该"文档 1"被存盘　　　　　　B．弹出"另存为"对话框，供进一步操作

   C．自动以"文档 1"为名存盘　　　D．不能以"文档 1"存盘

7. 在 Word 2010 的编辑状态，进行字体设置操作后，按新设置的字体显示的文字是（　　　）。

   A．插入点所在段落中的文字　　　　B．文档中被选择的文字

   C．插入点所在行中的文字　　　　　D．文档的全部文字

二、操作题

1. 在文档中输入"Fe_2O_3"，并将其设置为黑体、二号字、蓝色，加一个字符边框。
2. 制作如下表格并为该表的首行设置黄色底纹。

课程表

节次 \ 星期	星期一	星期二	星期三	星期四	星期五
1-2	大学英语	大学英语	高等数学	计算机文化基础	大学物理
3-4	高等数学	思想道德和法律基础	英语口语		英语口语
5-6	大学物理	心理健康教育		思想道德和法律基础	
7-8	体育				
9-10					

3. 绘制如下图形，将边框设为 1.5 磅，并将其向左转 90°，不得做其他修改。

4. 按如下格式制作一份学生社团报名登记表。

学生社团报名表

姓名		性别		[贴照片处]
民族		出生日期	年 月 日	
籍贯				
所学专业	学院 专业			
电话				
E-mail				
申请社团				
自我简介	[加入社团原因，你的特长等]			

第 3 章　中文 Excel 2010 应用基础

中文 Excel 2010（以下简称 Excel 2010）是 Microsoft Office 2010 中文办公自动化集成套装软件中的电子表格程序，利用它可制作出各种复杂的电子表格，完成烦琐的数据计算，将枯燥的数据以图形形式形象地显示出来，大大增强了数据的可视性，并且可以将各种统计报告和统计图打印出来，掌握了 Excel 2010 可以成倍地提高工作效率。

- 建立、编辑及格式化工作表
- 使用公式与函数
- 数据的排序、筛选及分类汇总
- 图表的生成、编辑及修改
- 工作表的输出打印

3.1　Excel 2010 基础知识

3.1.1　Excel 2010 功能

Excel 2010 的功能主要如下：

1. 利用列表功能管理数据

Excel 2010 利用列表功能可以将表格中的某一部分指定为列表，然后可以方便地管理和分析列表中的数据而不用担心列表之外的其他数据，在列表中可以进行排序、筛选、汇总、求平均值、建立图表等操作。一个工作表中可以建立多个列表。

2. XML 支持

Excel 2010 对 XML 提供了更广泛的支持，使得用户分析和共享信息更加容易，利用 Excel 2010 不但可以将工作表保存为 XML 表格或 XML 数据，而且可以在任何客户定义的 XML 架构中读取数据，当 XML 数据出现变化时，动态更新图表、表格和曲线图。

3. 增强的智能标记

Excel 2010 中的智能标记更为灵活，可以将智能标记操作与电子表格中的特定部分关联在一起，并使智能标记操作仅在用户将鼠标悬停在关联的单元格区域时出现。

4. 并排比较功能

利用并排比较功能可以很方便地比较两个工作簿中的内容。

5. 增强的统计功能

Excel 2010 对大多数的统计函数进行了改进，使它们的精确性得到了增强。

3.1.2　Excel 2010 的启动和退出

1. 启动

Excel 2010 的启动操作如图 3-1 所示。

图 3-1　启动 Excel 2010

Excel 2010 是 Windows 下的应用软件，启动 Excel 2010 非常简单，执行"开始"→"所有程序"→Microsoft Office→Microsoft Office Excel 2010 命令即可。

Excel 2010 启动后的工作界面如图 3-2 所示。

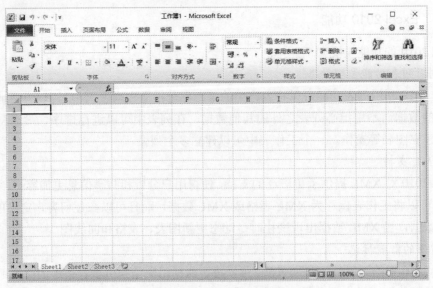

图 3-2　Excel 2010 启动后的工作界面

2. 退出

执行"文件"选项卡中的"退出"命令即可退出 Excel 2010，也可以单击 Excel 2010 工作窗口右上角的关闭按钮![关闭按钮]，或者双击 Excel 2010 工作窗口标题栏左端的 Excel 2010 控制菜单图标![控制菜单图标]，还可以按<Alt+F4>组合键退出。

3.1.3 Excel 2010 的窗口组成

Excel 2010 的窗口主要包括标题栏、功能选项卡、功能区、名称框、编辑栏、行号、列标、单元格和活动单元格、工作表标签及状态栏等部分，如图 3-3 所示。

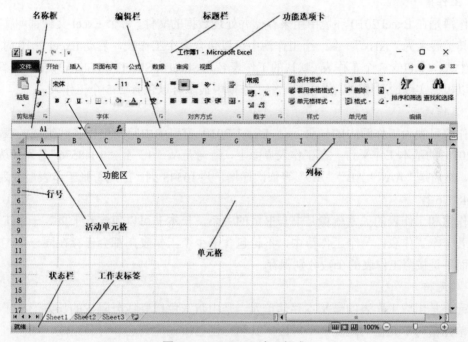

图 3-3　Excel 2010 窗口组成

（1）标题栏。标题栏位于窗口最上方，在其左边显示 Excel 2010 窗口控制图标、应用程序名称和当前打开的工作簿名称，右边的![最小化]、![最大化]、![关闭]分别为"最小化窗口""最大化窗口""关闭窗口"按钮。

（2）功能选项卡。每个功能选项卡中包含一些命令按钮，功能选项卡主要包括"文件""开始""插入""页面布局""公式""数据""审阅""视图"等。根据操作对象的不同，还会自动增加相应的功能选项卡。

（3）名称框和编辑栏。名称框和编辑栏位于工具栏下方，当选中单元格或区域时，该单元格的地址或区域名称等信息显示在名称框中。编辑栏用来输入或编辑单元格中的内容，也可以用来显示活动单元格中存放的数据或公式。

（4）行号。行号位于各行左侧的灰色编号区，是工作表中标识每一行用的名称，用数字1，2，…表示。

（5）列标。列标位于各列上方的灰色字母编号区，是工作表中标识每一列的名称，用英文字母 A，B，…表示。

（6）单元格和活动单元格。在工作表中，行列交叉的位置形成一个方框，称为单元格。当选中某个单元格时，该单元格的边框变为黑色粗线，即为活动单元格。

（7）工作表标签。工作表标签位于工作表区域的底部，用于在不同工作表之间切换。

（8）状态栏。状态栏位于 Excel 2010 窗口底部，用于显示有关操作过程中的选定命令或操作进程信息。

3.1.4 Excel 2010 基本对象

1. 工作簿

工作簿是在 Excel 2010 环境中用来存储并处理数据的文件，每个 Excel 文件都叫作一个工作簿，其扩展名为".xlsx"。在一个工作簿中可以包含多个工作表，启动 Excel 2010 时，系统会自动生成一个包含 3 个工作表（默认的工作表名为 Sheet1、Sheet2 和 Sheet3）的工作簿文件。用户可以根据实际情况增减工作表，一个工作簿中最多可以包含 255 个工作表。

2. 工作表

工作表可视为工作簿中的一页，是 Excel 2010 窗口中由暗灰色横竖线组成的表格，是 Excel 2010 的基本工作平台。在工作表界面上，行号是从"1"到"1048576"；列号从"A"到"Z"，然后是"AA""AB""AC"等依次递增，共 16348 列。因此每张工作表最大为 16348 列×1048576 行。

工作簿和工作表的关系就像是书与书页的关系，一本书可以包含若干页。一个工作簿可以包含若干个工作表；一个工作簿中，不论包含多少个工作表，都会保存在同一个工作簿文件中，而不是按照工作表的个数分别保存。

3. 单元格

单元格是组成工作表的最基本存储单元，是由暗灰色横竖线分隔成的长方形格子。工作表中的单元格与单元格的地址一一对应，其名称由它所在的列名和行号组成，如：单元格位于第一列第五行，那么它的名称为 A5。有时为了区分不同工作表的单元格，要在地址前面增加工作表名称，如"Sheet2!B6"。当单击某个单元格时，该单元格即被选定为活动（当前）单元格。该单元格的框线为粗线，在其边框的右下角出现一个黑点，该黑点即为自动填充手柄。该单元格的名称会显示在编辑栏左端的名称栏里，该单元格中的内容同时显示在编辑栏中。

3.2 创建、保存和打开工作簿

学习了 Excel 2010 的基础知识之后，要想使用电子表格软件 Excel 2010，首先从建立工作簿开始，下面我们开始学习创建、保存和打开工作簿的操作。

3.2.1 创建工作簿

在 Excel 2010 中创建工作簿和在 Word 2010 中创建新文档的方法非常相似。

【操作实例 3-1】在 Excel 2010 中创建新的空白工作簿。

启动 Excel 2010 后，系统自动创建一个名为"工作簿 1"的包含 3 张空白工作表的工作簿，可直接在其工作表中进行数据操作。Excel 2010 还允许通过其他方法建立新工作簿。

（1）使用"新建"命令创建空白工作簿启动 Excel 2010 后，执行"文件"菜单中的"新建"命令，在"可用模板"中双击"空白工作簿"创建一个新文档，如图 3-4 所示。

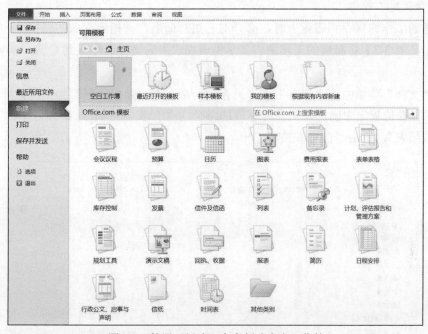

图 3-4　使用"新建"命令创建空白工作簿

（2）使用右键菜单创建空白工作簿。在桌面上空白处右击，在弹出的快捷菜单中执行"新建"命令，从弹出的子菜单中选择"Microsoft Excel 工作表"，如图 3-5 所示，重命名后，这个空白工作簿就建好了。

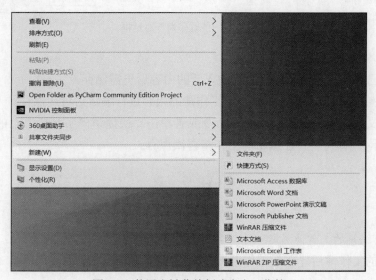

图 3-5　使用右键菜单创建空白工作簿

3.2.2 保存工作簿

创建新工作簿或对已有的工作簿做完修改后，应该随时保存。保存工作簿有多种方法，可选择下列方法之一进行保存。

1. 保存新建工作簿

将新建的工作簿保存到磁盘上时，必须对它进行命名，并指定存放的路径。

【操作实例 3-2】将新建的工作簿以"学生成绩表"为文件名保存到 C 盘"实训文档"文件夹中。

执行"文件"菜单中的"保存"或"另存为"命令🖫，弹出"另存为"对话框，如图 3-6 所示。在"保存位置"中确定新工作簿存放的路径为"C:\实训文档"，在"文件名"文本框输入"学生成绩表"，单击"保存"按钮。

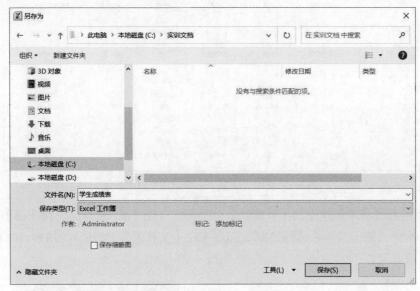

图 3-6　"另存为"对话框

2. 保存已命名过的工作簿

对于之前已存在的工作簿，修改或输入新的内容后仍需保存。

【操作实例 3-3】将"学生成绩表"工作簿的内容进行编辑后再次保存。

可执行"文件"菜单中的"保存"命令或者单击"快捷访问工具栏"上的"保存"按钮（如图 3-7 所示），即可将正在编辑的工作簿再次保存。

图 3-7　"快捷访问工具栏"的"保存"按钮

3. 将当前编辑的工作簿另起一个名字保存

修改已有的工作簿后建立新工作簿，或建立工作簿的一个副本，可用另一个名字保存工作簿。

【操作实例 3-4】将工作簿"学生成绩表"以"学生成绩统计表"为名字重新保存。

执行"文件"菜单中的"另存为"命令，打开"另存为"对话框。在"文件名"文本框输入新文档名"学生成绩统计表"，单击"保存"按钮。

3.2.3 打开工作簿

和新建工作簿一样，打开工作簿也有多种方法。

【操作实例 3-5】打开已经保存过的"学生成绩统计表"工作簿。

（1）执行"文件"菜单中的"最近所用文件"命令，列出近期刚编辑过的工作簿名称，如图 3-8 所示。单击"学生成绩统计表"即可。

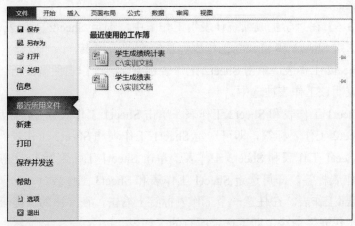

图 3-8 "最近所用文件"窗口

（2）如果"学生成绩统计表"工作簿不在"最近所用文件"中，则执行"打开"命令，弹出"打开"对话框，如图 3-9 所示。选定文档所在的路径为"C:\实训文档"，然后在文件列表中单击"学生成绩统计表"，单击"打开"按钮，或者双击文档名直接打开。

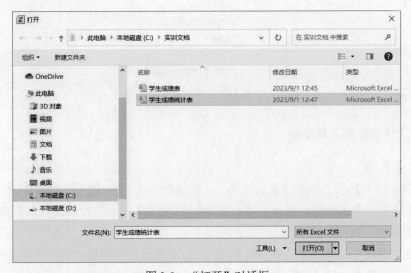

图 3-9 "打开"对话框

3.3　工作表的管理

工作表的管理主要包括工作表的选定、工作表的插入与删除、工作表的移动与复制、工作表的重命名等。

3.3.1　工作表的选定

对工作表进行操作时，必须首先选定要操作的工作表，工作表的选定可通过鼠标单击工作表标签栏进行。其选定操作包括选定单个工作表、选定相邻工作表、选定不相邻工作表和选定所有的工作表。

【操作实例 3-6】在"学生成绩统计表"工作簿中，选定 Sheet2 工作表、选定 Sheet1 和 Sheet2 工作表、选定 Sheet1 和 Sheet3 工作表、选定全部工作表。

（1）选定 Sheet2 工作表。单击 Sheet2 工作表标签，该工作表便被激活，标签栏中的相应标签变为白色，表明该工作表被选中。

（2）选定 Sheet1 工作表和 Sheet2 工作表。单击 Sheet1 工作表标签，然后按下<Shift>键，再单击相邻的 Sheet2 工作表标签，即可选定 Sheet1 工作表和 Sheet2 工作表。

（3）选定 Sheet1 工作表和 Sheet3 工作表。单击 Sheet1 工作表标签，然后按下<Ctrl>键，再单击 Sheet3 工作表标签，即可选定 Sheet1 工作表和 Sheet3 工作表。

（4）选定全部工作表。在任意一个工作表标签上右击，在弹出的快捷菜单上（图 3-10）执行"选定全部工作表"命令，即可选定所有的工作表。

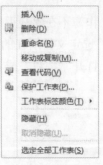

图 3-10　快捷菜单

3.3.2　工作表的插入与删除

1. 插入工作表

【操作实例 3-7】在"学生成绩统计表"工作簿中插入一个空白的工作表。

（1）在任意一个工作表标签上右击，在弹出的快捷菜单上执行"插入"命令，打开"插入"对话框，如图 3-11 所示。

（2）在"常用"选项卡中选择"工作表"，单击"确定"按钮。

（3）也可以单击"Sheet3"后面的"插入工作表"按钮，直接添加工作表。

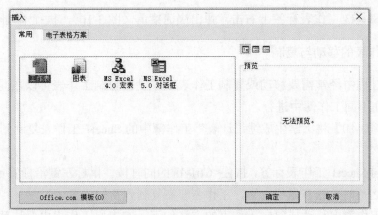

图 3-11　"插入"对话框

2. 增加新建工作簿中工作表的个数

【操作实例 3-8】将新建工作簿中工作表的个数设为"8"。

（1）执行"文件"菜单中的"选项"命令，打开"Excel 选项"对话框，如图 3-12 所示，选择"常规"选项卡。

（2）在"包含的工作表数"后选择或输入工作表数"8"。

（3）单击"确定"按钮，再新建工作簿，其包含的工作表个数就改变了。

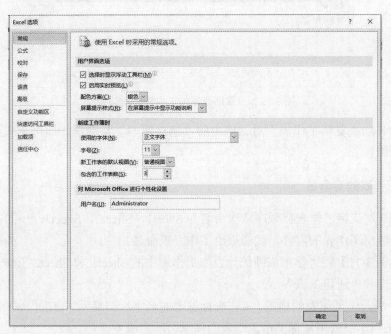

图 3-12　"Excel 选项"对话框的"常规"选项卡

3. 删除工作表

【操作实例 3-9】将"学生成绩统计表"工作簿中的 Sheet3 工作表删除。

单击想要删除的工作表的标签，单击"开始"选项卡"单元格"组中的"删除"下拉按钮，在弹出的下拉菜单中执行"删除工作表"命令。

也可以在 Sheet3 工作表标签上右击，弹出快捷菜单（图 3-10），执行"删除"命令。

3.3.3 工作表的移动与复制

实际操作过程中经常需要移动或复制工作表。移动或复制工作表可以在同一个工作簿中进行，也可以在不同工作簿中进行。

【操作实例 3-10】将"学生成绩统计表"工作簿中的 Sheet1 工作表复制到 Sheet2 工作表之后。

将鼠标指向 Sheet1 工作表标签，按住<Ctrl>键的同时按住鼠标左键沿标签行拖动鼠标。当拖动到 Sheet2 之后时，松开鼠标左键，工作表即被复制到新的位置。

在不同的工作簿中移动或复制工作表的方法如下：右击原工作表中要移动或复制的工作表标签；在弹出的快捷菜单中执行"移动或复制工作表"命令，弹出"移动或复制工作表"对话框（图 3-13）；在该对话框的"工作簿"下拉列表框中选取目的工作簿；在"下列选定工作表之前"的列表框中选取某工作表；单击"确定"按钮。

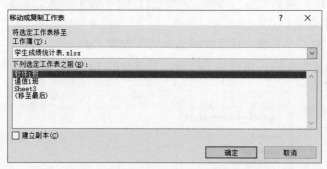

图 3-13 "移动或复制工作表"对话框

如勾选"移动或复制工作表"对话框中的"建立副本"复选框，即可完成在不同工作簿的工作表的复制。

3.3.4 工作表的重命名

Excel 2010 默认将工作表按顺序依次命名为 Sheet1，Sheet2，Sheet3，…如需要让工作表的名字能够反映出工作表的内容，就必须给工作表重命名。

【操作实例 3-11】将"学生成绩统计表"工作簿中的 Sheet1 和 Sheet2 工作表分别重命名为"软件 1 班"和"通信 1 班"。

可以双击 Sheet1 工作表的标签，工作表标签上的名字反白显示。在工作表标签上输入"软件 1 班"，并按回车键或用鼠标单击工作表的任意区域完成重命名。

也可以选定 Sheet1 工作表标签，右击，在弹出的快捷菜单中执行"重命名"命令，然后在工作表标签上输入"软件 1 班"。

还可以选中 Sheet1 工作表标签，单击"开始"选项卡"单元格"组中的"格式"下拉按钮，在弹出的下拉列表中的"组织工作表"命令组中执行"重命名工作表"命令（图 3-14），然后在工作表标签上输入"软件 1 班"并按回车键。

采用同样的方法可将 Sheet2 工作表重命名为"通信 1 班"。

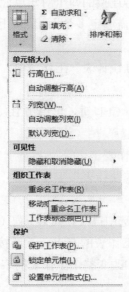

图 3-14　重命名工作表

3.4　单元格的基本操作

Excel 2010 中的数据是以单元格为单位进行存储和处理的。所以,单元格是 Excel 2010 存储和处理数据的基本单位,一个单元格就意味着一个独立的数据。在工作表中浏览单元格内容并对其中的数据进行操作,是使用 Excel 2010 进行数据处理的必备技能。

3.4.1　选定及移动

在使用 Excel 2010 的过程中,正在使用的单元格是"活动单元格",其周围有一个黑色的方框。Excel 2010 的任何数据操作都是对活动单元格进行的。

1.　单元格的选定

(1) 选定一个单元格,就是将这个单元格设置为当前的活动单元格,以便对它进行各种数据处理。

【操作实例 3-12】在"学生成绩统计表"工作簿中,选取"软件 1 班"工作表的 B4 单元格。

可以用白色十字样的鼠标指针单击 B4 单元格。

还可以在"单元格名称栏"输入要选中的单元格地址如 B4,按回车键。

(2) 多个连续单元格的选取。

【操作实例 3-13】在"学生成绩统计表"工作簿中,选取"软件 1 班"工作表的 B1~C7 单元格。

可以选中 B1 单元格,拖动鼠标到 C7 单元格。

也可以选中 B1 单元格,按下<Shift>键,同时按箭头键拉伸预选区域,直到到达 C7 单元格为止。松开<Shift>键，即完成 B1～C7 单元格区域的选取。

单元格区域的引用地址是由冒号连接的两个对角单元格地址，如 B1:C7。

（3）不连续单元格的选取。如需选定多个不相邻的区域，可以用鼠标和键盘的联合操作来完成。

【操作实例 3-14】在"学生成绩统计表"工作簿中，选取"软件 1 班"工作表的 C1、B3 和 D5 单元格。

首先选定 C1 单元格，然后按住<Ctrl>键，再单击 B3、D5 单元格，即可同时选中 C1、B3 和 D5 单元格。

（4）选定整行、整列或整个工作表。

【操作实例 3-15】在"学生成绩统计表"工作簿中，选定"软件 1 班"工作表的第一行、第一列、整个工作表。

单击第一行行标或第一列列标可选中第一行或第一列（拖动鼠标可选定连续的若干行或列）。

单击行标与列标的交叉处（在工作表的左上角）的按钮可以选定整个工作表（该功能可以对整个工作表做全局的编辑，例如改变整个工作表的字符格式或字体颜色等）。

2．单元格的移动

单元格的移动是指将单个单元格或单元格区域的内容"搬"到新的位置，也可以理解为先将原数据区"剪切"下来存放在系统的"剪切板"中，再"粘贴"到新的位置。

【操作实例 3-16】在"学生成绩统计表"工作簿中，将"软件 1 班"工作表的 A1～A8 单元格区域移动到 C1～C8 单元格区域。

使用菜单命令方法。选取 A1～A8 单元格区域。单击"开始"选项卡"剪贴板"组中的"剪切"按钮。这时，可以看到选中的单元格区域的边界变成流动的虚线，表示这个数据区已经被"剪切"到系统的剪切板中。选中 C1 单元格，然后单击"开始"选项卡"剪贴板"组中的"粘贴"按钮，单元格区域的移动工作就完成了。

也可以利用鼠标拖动：在选中了 A1～A8 单元格区域后，将鼠标光标移至区域的任一边界处，这时可以看到光标由通常状态下的"粗十字"形状变成了"箭头"形状。按下鼠标左键，拖动鼠标到 C1～C8 单元格区域，这时鼠标所指的单元格四周为粗虚线框。松开鼠标，即完成单元格的移动。

3.4.2　数据输入

输入原始数据是 Excel 2010 的最基本的操作。Excel 2010 中的数据输入必须在活动单元格中进行，输入结束后按回车键、<Tab>键或单击另一个单元格，都可确认输入。按<Esc>键可取消输入。

在 Excel 2010 中可以在工作表中输入两类数据：常量和公式。常量是可以直接输入到单元格中的数据，可以是数值，包括日期、时间、货币、百分比、分数、科学记数等，也可以是文字。公式可以是一个常量值、单元格引用、函数或操作符的序列。

1．输入文本

在 Excel 中，文本可以是汉字、字母、字符型数字和空格等符号的任意组合。通常情况下，输入的文本默认为左对齐。

初始状态下，每个单元格的宽度为 8 个字符。输入数据时，若紧挨该单元格右边的单元格为空，则文字允许超过列宽，扩展到右边单元格显示；若右侧单元格不为空，则截断显示。电话号码、邮政编码等被视为文本。Excel 2010 中规定在输入文本型数字时，必须在其前面加一个英文的撇号"'"（如：'01234）。

2. 输入数字

在 Excel 2010 中，所有单元格默认的数字格式为右对齐。数字格式一般包括整数和小数两种。当输入的数据长度超出单元格宽度时，自动采用科学记数法表示数字（如输入"123456789987"，自动表示为"1.23457E+11"）。

向单元格输入数字时，应遵循下面规则：

（1）数字前面的正号"+"被忽略。

（2）输入分数时，要先输入"0"和空格，然后输入分数，否则系统将按日期处理。

（3）数字中的单个圆点"."作为小数点处理（如输入".12"，系统自动表示为"0.12"）。

3. 数据填充

操作中经常需要输入连续的数据，利用 Excel 2010 提供的"填充"功能可实现数据的快速填充输入。

（1）填充相同的数据。填充相同的数据相当于数据的复制。

【操作实例 3-17】在"学生成绩统计表"工作簿的"软件 1 班"工作表中输入如图 3-15 所示文字，并将 C2 单元格的内容填充到 C6 单元格，将 C7 单元格的内容填充到 C11 单元格。

	A	B	C	D	E	F	G
1	学号	姓名	性别	高等数学	C语言	实用英语	排名
2	1	王鑫	男	95	74	84	
3	2	刘瑞意		78	98	78	
4		周雪冰		85	73	60	
5		杨涛		86	65	61	
6		张晓帆		50	87	78	
7		朱宏进	女	65	48	97	
8		李俊新		66	91	76	
9		郭思琪		93	86	88	
10		胡静辉		74	86	52	
11		徐子茜		96	77	77	

图 3-15　在"软件 1 班"工作表输入文字

按图 3-15 所示输入内容。选中 C2 单元格，将鼠标移到该单元格右下角，鼠标指针为细十字形状（即"+"）。拖动自动填充手柄（活动单元格黑色外框右下角的黑点）到 C6 单元格，数据自动填充；采用同样的方法可将 C7 单元格的内容填充到 C11 单元格。

（2）填充有规律的数字序列。用创建序列的方法可以输入具有某种规律的数据。

1）等差序列。选中填充内容所在区域，按住鼠标左键向右或向下拖动自动填充手柄，即可建立等差序列。

【操作实例 3-18】在"学生成绩统计表"工作簿的"软件 1 班"工作表中，以 A2、A3 单元格的内容为等差数列前两项，将该等差数列填充到 A11 单元格。

选中 A2、A3 单元格区域，如图 3-16 所示。鼠标指针指到自动填充手柄，按住鼠标左键向下拖动到 A11 单元格。

2）等比序列。

【操作实例 3-19】将图 3-17 所示的等比序列填充到 A10 单元格。

	A	B
1	学号	姓名
2	1	王鑫
3	2	刘瑞意
4		周雪冰
5		杨涛
6		张晓帆
7		朱宏进
8		李俊新
9		郭思琪
10		胡静辉
11		徐子茜

图 3-16 填充等差序列

	A	B
1	2	
2	6	
3	18	
4		
5		
6		
7		
8		
9		
10		

图 3-17 等比序列

选中 A1:A10 单元格，单击"开始"选项卡"编辑"组中的"填充"按钮，弹出下拉列表，执行"系列"命令，打开"序列"对话框，如图 3-18 所示。在"序列产生在"区域选中"列"单选按钮，在"类型"区域选中"等比序列"单选按钮，将"步长值"（即公比）设置为"3"。单击"确定"按钮完成等比序列填充，完成结果如图 3-19 所示。

图 3-18 "序列"对话框

	A
1	2
2	6
3	18
4	54
5	162
6	486
7	1458
8	4374
9	13122
10	39366

图 3-19 填充等比序列

4. 时间和日期的输入

时间和日期的输入可以直接键入，也可以通过函数来输入。

工作表中的时间和日期的显示方式取决于所在单元格对时间或日期显示格式的设置。可以通过"开始"选项卡"单元格"组"格式"按钮的下拉菜单中的"设置单元格格式"命令来设置。

在 Excel 2010 中，系统把输入的时间和日期当作数值来处理，也就是说日期型数据之间可以相减得到天数，日期型数据与另一数值相加得到另一日期型数据。

需要在同一个单元格中输入时间和日期时，对应在时间和日期之间插入一个空格。

如果要输入当前日期，可按组合键<Ctrl+;>；如果要输入当前时间，则用组合键<Ctrl+Shift+;>。

3.4.3 数据编辑

1. 编辑单元格数据

对一个单元格中的数据进行修改，有两种情况：

（1）彻底重新输入。单击需要重新输入内容的单元格，然后直接输入新的内容。

（2）对原有内容作部分改动。双击需要改动内容的单元格，用方向键"←"和"→"移动插入点光标到需要修改的位置，然后进行删除或插入操作。

2. 清除单元格中的数据

【操作实例 3-20】在"学生成绩统计表"工作簿的"软件 1 班"工作表中，清除 J1:J11 单元格区域的内容。

可以选中 J1:J11 单元格区域，按<Delete>键（这样只删除单元格中的内容，它的格式和批注等仍然保留）。

也可以选中 J1:J11 单元格区域，右击弹出快捷菜单，执行"清除内容"命令。

还可以选中 J1:J11 单元格区域，单击"开始"选项卡"单元格"组中的"删除"按钮，在弹出的下拉菜单中，执行"删除单元格"命令，或者右击，从弹出的快捷菜单中执行"删除"命令，出现"删除"对话框（图 3-20），从中选择所需的选项。单元格被删除是将 Excel 2010 工作表中的某些数据及其位置删除，这里的删除与通过按<Delete>键将单元格的内容清除是不一样的。按下<Delete>键，仅仅清除当前单元格或单元格区域中的数据内容，清除内容之后的空白单元格将继续保留在工作表中。删除操作是将选中的单元格或单元格区域连同所在的位置一起从工作表中消除，空出的位置将由相邻的单元格进行填补，填补的方式由用户决定。

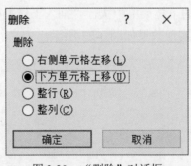

图 3-20　"删除"对话框

3.4.4 插入、复制与删除

1. 插入单元格

Excel 2010 允许用户插入一个单独的单元格，也可以整行、整列地插入新的单元格。

（1）插入一个单元格。

【操作实例 3-21】在"学生成绩统计表"工作簿"软件 1 班"工作表中的 J2 单元格前插

入空单元格，且活动单元格下移。

选中 J2 单元格。单击"开始"选项卡"单元格"组中的"插入"下拉按钮，在打开的下拉菜单中执行"插入单元格"命令，出现"插入"对话框，如图 3-21 所示。在对话框中选中"活动单元格下移"单选按钮，单击"确定"按钮。

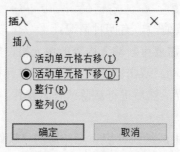

图 3-21　"插入"对话框

（2）插入行。

【操作实例 3-22】在"学生成绩统计表"工作簿"软件 1 班"工作表的第一行前插入一行，并在该行的第一个单元格中输入"学生成绩统计表"。

单击"软件 1 班"工作表中第一行的任意单元格。单击"开始"选项卡"单元格"组中的"插入"下拉按钮，在打开的下拉菜单中执行"插入工作表行"命令即可插入一个新行，然后在该行的第一个单元格中输入"学生成绩统计表"。

（3）插入列。

【操作实例 3-23】在"学生成绩统计表"工作簿"软件 1 班"工作表的 F 列后插入一列单元格，然后在 G2 单元格输入"总分"。

单击"软件 1 班"工作表中 G 列中的任意单元格。单击"开始"选项卡"单元格"组中的"插入"下拉按钮，在打开的下拉菜单中执行"插入工作表列"命令即可插入一列单元格。在 G2 单元格中输入"总分"，实现效果如图 3-22 所示。

	A	B	C	D	E	F	G	H
1	学生成绩统计表							
2	学号	姓名	性别	高等数学	C语言	实用英语	总分	排名
3	1	王鑫	男	95	74	84		
4	2	刘瑞意	男	78	98	78		
5	3	周雪冰	男	85	73	60		
6	4	杨涛	男	86	65	61		
7	5	张晓帆	男	50	87	78		
8	6	朱宏进	女	65	48	97		
9	7	李俊新	女	66	91	76		
10	8	郭思琪	女	93	86	88		
11	9	胡静辉	女	74	86	52		
12	10	徐子茜	女	96	77	77		

图 3-22　操作实例效果

2. 复制单元格

单元格的复制就是单元格内数据的复制。Excel 2010 将某个单元格或者单元格区域内的数据复制到指定的位置上，而原先位置上的数据仍然存在。

【操作实例 3-24】在"学生成绩统计表"工作簿中，将"软件 1 班"工作表的 D2:D12 单元格区域复制到 J2:J12 单元格区域。

利用命令按钮复制。选中 D2:D12 单元格区域，单击"开始"选项卡"剪贴板"组的"复制"按钮，选择 J2 单元格，单击"剪贴板"组中的"粘贴"按钮，完成单元格区域的复制。

利用鼠标拖动复制。在选中了 D2:D12 单元格区域后，将鼠标光标移至区域的任一边界处，这时可以看到光标由通常状态下的"粗十字"形状变成了"箭头"形状。按下鼠标左键，同时按住<Ctrl>键不放，拖动数据区到目标区域（"箭头"光标旁边出现了一个加号），先松开鼠标，后松开<Ctrl>键，完成单元格区域的复制。

3.5　工作表的基本操作

要想使工作表的外观更和谐、漂亮，或者使它变得更有个性，就需要对工作表进行格式化操作，格式化的内容包括：调整行高和列宽；对文本格式化；对数字、日期和时间格式化；设置边框、图案和网格背景；设置对齐方式；套用表格样式；复制单元格格式等。

3.5.1　设置行高和列宽

设置行高和列宽的方法有两种：一种是通过命令按钮来实现，这种方法可以实现对行高和列宽的精确设定；另一种是直接用鼠标操作来对行高和列宽进行调整。

【操作实例 3-25】将"学生成绩统计表"工作簿"软件 1 班"工作表中第一行的"行高"设置为 38。

选中第一行任意一个单元格。单击"格式"选项卡"单元格"组中的"格式"按钮，在弹出的下拉菜单中执行"单元格大小"组的"行高"命令，打开"行高"对话框，在"行高"后输入 38，如图 3-23 所示。

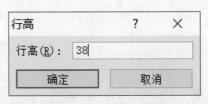

图 3-23　"行高"对话框

也可以使用鼠标调节行高，操作方法如下：

移动鼠标到要设置行高的行标下边框处，当光标变成双箭头时，按下鼠标左键，拖动行标的边界来设置所需的行高，这时将自动显示高度值，调整到合适的高度后放开鼠标左键。

列宽的调整与行高类似，此外不再赘述。

3.5.2　设置数据对齐方式

单元格数据的系统默认对齐方式为文字左对齐、数字右对齐、逻辑值居中对齐。可以根据需要设置对齐方式。

在 Excel 2010 中常用的对齐方式有水平对齐和垂直对齐两种，此外还提供了任意角度对齐方式。

1. 用功能区按钮设置对齐方式

选定需要对齐的单元格或单元格区域，单击"开始"选项卡"对齐方式"组中的"左对齐" ▤、"居中对齐" ▤、"右对齐" ▤、"合并后居中" ▤、"减少缩进量" ▤、"增加缩进量" ▤ 等按钮即可。

【操作实例 3-26】将"学生成绩统计表"工作簿"软件 1 班"工作表中的 A1:H1 单元格合并且居中。

选中 A1:H1 单元格，单击"开始"选项卡"对齐方式"组中的"合并后居中"按钮 ▤ 即可。

2. 使用对话框设置对齐方式

选定需要对齐的单元格或单元格区域，单击"开始"选项卡"单元格"组中的"格式"按钮，在弹出的下拉菜单中执行"设置单元格格式"命令。在弹出的"设置单元格格式"对话框的"对齐"选项卡中设定所需对齐方式，如图 3-24 所示。

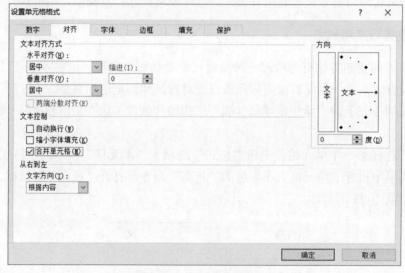

图 3-24 "对齐"选项卡

"水平对齐"的格式：常规（系统默认的对齐方式）、靠左（缩进）、居中、靠右（缩进）、填充、两端对齐、跨列居中、分散对齐（缩进）。

"垂直对齐"的格式：靠上、居中、靠下、两端对齐、分散对齐。

另外，在"方向"框中可以改变单元格内容的显示方向；如果勾选"自动换行"复选框，则当单元格中的内容宽度大于列宽时，会自动换行。

若要在单元格内使文本内容强行换行，则鼠标双击要换行的位置，按<Alt+Enter>键即可。

3.5.3 设置单元格字体

对于单元格中使用的字体、字形、字号和颜色等，既可以在输入前设定，也可在完成输入后对单元格字体等进行重新设置。

【操作实例 3-27】将"学生成绩统计表"工作簿"软件 1 班"工作表 A1 单元格中的文本的字体、字号、字形、颜色分别设置为"黑体""22""加粗""蓝色"。

选中 A1 单元格。单击"开始"选项卡"单元格"组中的"格式"按钮,在弹出的下拉菜单中执行"设置单元格格式"命令,或者右击,在弹出的快捷菜单中执行"设置单元格格式"命令,均可打开"设置单元格格式"对话框。在"字体"选项卡中将字体、字号、字形、颜色分别设置为"黑体""22""加粗""蓝色",如图 3-25 所示,单击"确定"按钮。

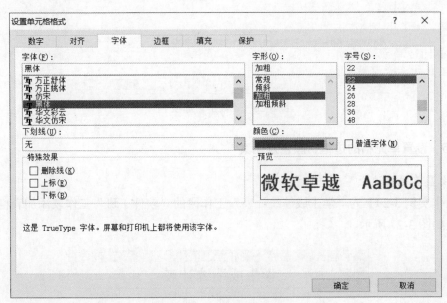

图 3-25　"字体"选项卡

3.5.4　设置数字显示格式

在 Excel 2010 中,数字、时间和日期都是以纯数字的方式储存的,但在单元格中却是按照该单元格所规定的格式显示的。

Excel 2010 提供了多种数字格式,可以将一个数显示成分数、千位分隔、货币等形式,这时屏幕上的单元格按照设置的格式显示数据,编辑栏中显示的却是系统实际存储的数据。

1. 用功能区按钮设置数字格式

选中含数字的单元格,例如选中数字"122.67"所在的单元格后,单击"开始"选项卡"数字"组的"货币样式" 🌐 、"百分比样式" ％ 、"千位分隔样式" 🔸 、"增加小数位数" ⁺₀ 、"减少小数位数" ₀⁸ 等按钮,可设置数字格式。

2. 用对话框设置数字格式

【操作实例 3-28】在"学生成绩统计表"工作簿的"软件 1 班"工作表中,将 G3:G12 单元格中的数字设置为保留一位小数。

选中 G3:G12 单元格区域,在其上右击,在弹出的快捷菜单中执行"设置单元格格式"命令,打开"设置单元格格式"对话框。在"数字"选项卡的"分类"下选"数值","小数位数"后输入"1",单击"确定"按钮,如图 3-26 所示。

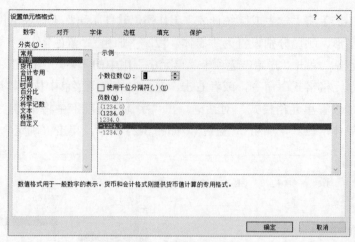

图 3-26　"数字"选项卡

3.5.5　设置单元格的边框、颜色及图案

1. 设置单元格边框

【操作实例 3-29】为"学生成绩统计表"工作簿的"软件 1 班"工作表添加表格边框线，实现效果如图 3-27 所示。

	A	B	C	D	E	F	G	H
1				学生成绩统计表				
2	学号	姓名	性别	高等数学	C语言	实用英语	总分	排名
3	1	王鑫	男	95	74	84		
4	2	刘瑞意	男	78	98	78		
5	3	周雪冰	男	85	73	60		
6	4	杨涛	男	86	65	61		
7	5	张晓帆	男	50	87	78		
8	6	朱宏进	女	65	48	97		
9	7	李俊新	女	66	91	76		
10	8	郭思琪	女	93	86	88		
11	9	胡静辉	女	74	86	52		
12	10	徐子茜	女	96	77	77		

图 3-27　操作实例效果

可以选中 A2:H12 单元格，在其上右击，在弹出的快捷菜单中执行"设置单元格格式"命令，打开"设置单元格格式"对话框。在"边框"选项卡（图 3-28）上单击"外边框"和"内部"按钮，再单击"确定"按钮。

还可以选中 A2:H12 单元格，单击"开始"选项卡"字体"组中的"边框"按钮 ，在弹出下拉菜单中选"所有框线"。

2. 设置单元格颜色和图案

【操作实例 3-30】将"学生成绩统计表"工作簿的"软件 1 班"工作表中的 A1 单元格的颜色设置为"绿色"、图案样式设置为"50%灰色"。

选中 A1 单元格，在其上右击，在弹出的快捷菜单中执行"设置单元格格式"命令，打开"设置单元格格式"对话框。在"填充"选项卡（图 3-29）中的"背景色"区中选"绿色"，在"图案样式"后的下拉列表中选"50%灰色"。

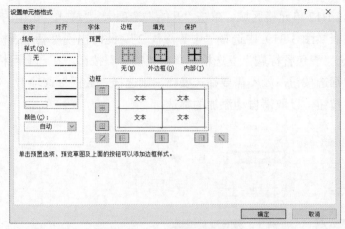

图 3-28   "边框"选项卡

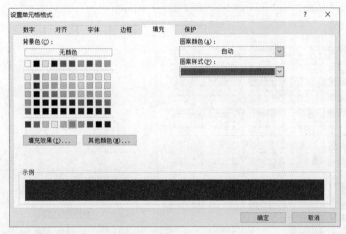

图 3-29   "填充"选项卡

3.5.6   自动套用格式

自动套用格式是把 Excel 2010 内置工作表格式应用于指定的单元格区域。

【操作实例 3-31】将"学生成绩统计表"工作簿的"软件 1 班"工作表中的表格设置为"中等深浅 2"的自动套用格式，实现效果如图 3-30 所示。

操作实例 3-31 视频演示

学号	姓名	性别	高等数学	C语言	实用英语	总分	排名
1	王鑫	男	95	74	84		
2	刘瑞意	男	78	98	78		
3	周雪冰	男	85	73	60		
4	杨涛	男	86	65	61		
5	张晓帆	男	50	87	78		
6	朱宏进	女	65	48	97		
7	李俊新	女	66	91	76		
8	郭思琪	女	93	86	88		
9	胡静辉	女	74	86	52		
10	徐子茜	女	96	77	77		

图 3-30   操作实例效果

选定表格的 A2:H12 单元格区域。单击"开始"选项卡 "样式"组中的"套用表格格式"按钮。在打开的列表（图 3-31）中选择"中等深浅 2"。此时出现"套用表格式"对话框，如图 3-32 所示。勾选"表包含标题"复选框，单击"确定"按钮。在已套用格式的表格中每一列的列标题会出现筛选按钮，如不需要筛选操作，则选择"数据"选项卡，在"排序和筛选"组中单击"筛选"按钮，以取消自动添加的筛选。

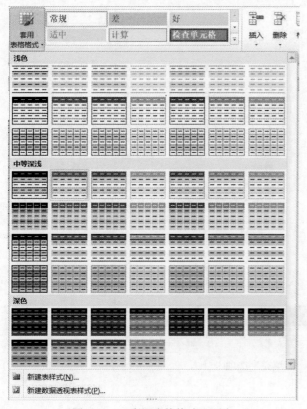

图 3-31 "套用表格格式"列表

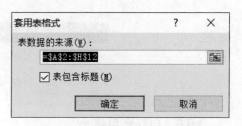

图 3-32 "套用表格式"对话框

3.5.7 复制单元格格式

【操作实例 3-32】在"学生成绩统计表"工作簿的"软件 1 班"工作表中，将 A2 单元格的格式复制到 A3:A12 单元格。

1. 用功能区按钮复制格式

选中 A2 单元格后，单击"开始"选项卡"剪贴板"组中的"格式刷"按钮（这时所选单元格出现闪动的虚线框），然后用带有格式刷的光标，选择 A3:A12 单元格。

2. 用快捷菜单命令复制格式

右击 A2 单元格，在弹出的快捷菜单中，执行"复制"命令（这时所选单元格出现闪动的虚线框），选中 A3:A12 单元格，右击，在弹出的快捷菜单中执行"粘贴"命令，在弹出的子菜单中执行"选择性粘贴"命令，在打开的"选择性粘贴"对话框（图 3-33）中，在"粘贴"下选中"格式"单选按钮，单击"确定"按钮。

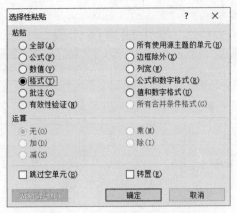

图 3-33 "选择性粘贴"对话框

3.5.8 条件格式

利用 Excel 2010 提供的条件格式功能，可以有条件地显示不同格式的数据。根据指定的公式或数值来动态地设置符合条件的数据与不符合条件的数据的不同格式，使设置的格式更加灵活。

【操作实例 3-33】在"学生成绩统计表"工作簿的"软件 1 班"工作表中，将各科低于 60 分的成绩用"红色""加粗"显示。

操作实例 3-33 视频演示

选择各科成绩单元格区域（D3:F12）。单击"开始"选项卡"样式"组的"条件格式"按钮，在打开的列表中，执行"突出显示单元格规则"下的"其他规则"命令，打开"新建格式规则"对话框。在该对话框中的"选择规则类型"区中选中"只为包含以下内容的单元格设置格式"，在"编辑规则说明"区左边的两个列表框中分别选择"单元格值"和"小于"选项，在右边文本框中输入"60"，如图 3-34 所示。

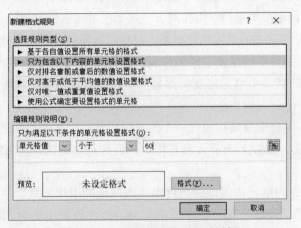

图 3-34 "新建格式规则"对话框

单击"格式"按钮，弹出"设置单元格格式"对话框。在"字体"选项卡的"字形"下选择"加粗"，在"颜色"下拉列表中选择"红色"。单击"确定"按钮，返回"新建格式规则"对话框。单击"确定"按钮，完成条件格式设置，实现效果如图 3-35 所示。

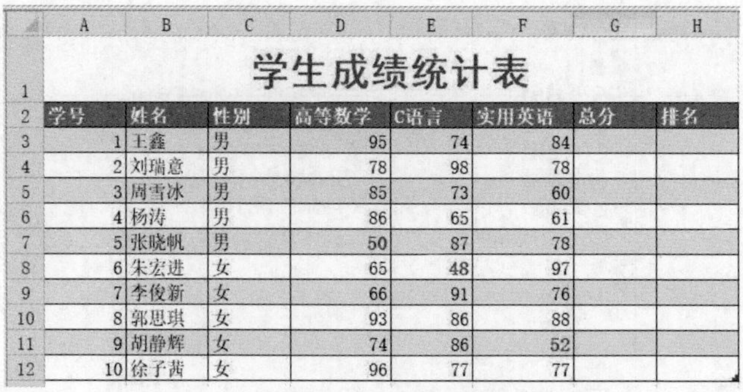

图 3-35　操作实例效果

3.6　引用、公式与函数

3.6.1　引用

在学习使用公式时，先要弄清楚引用的概念，并能正确使用。引用的作用在于标识工作表上的单元格或区域，并指明公式中所使用的数据位置。通过引用可以在公式中使用工作表不同部分的数据，或在多个公式中使用同一单元格的数值。还可以引用同一工作簿不同工作表的单元格、不同工作簿的单元格甚至其他应用程序中的数据。

默认状态下，Excel 2010 工作表单元格的位置通常以列标和行标来表示，用字母标示"列"，用数字标示"行"。如：A10 表示在列 A 中行 10 处的单元格，A10:A15 表示属于列 A 中行 10～15 的单元格区域，B5:G5 表示属于行 5 中列 B～列 G 的单元格区域。

位置引用有相对引用位置、绝对引用位置和混合引用位置三种，如 A1、B2、C3 是相对引用位置，而$A$1、$B$2、$C$3 是绝对引用位置，$A1 或 A$1 是混合引用位置。

（1）相对引用。相对引用是指引用相对于公式所在单元格位置的单元格，当复制使用相对引用的公式时，被粘贴公式中的引用将被更新，并指向与当前公式位置相对应的其他单元格。

（2）绝对引用。绝对引用是指引用工作表中固定不变的单元格。如果在复制公式时，不希望引用发生改变，即从一个单元格复制到另一单元格时，公式不发生变化，则要使用绝对引用。

（3）混合引用。混合引用是指包含一个绝对引用和一个相对引用的公式引用，它也许是行固定，也许是列固定。如$A1 表示 A 列是固定的而行是可变的，而 A$1 表示 A 列是可变的而行是固定的。

当引用其他工作表的单元格地址时可使用三维地址的引用方式，三维引用的格式为"工作表名！单元格地址"，例如，"sheet2!B2"表示 sheet2 工作表中的 B2 单元格。

3.6.2　公式

1. 公式的输入与修改

选择要输入公式的单元格，在编辑栏的输入框中输入一个等号"="，并输入参与运算的数值、单元格地址或其他运算对象和运算符号，然后按<Enter>键。例如，选定 A1，在编辑栏键入"=5+3*3"，按<Enter>键后，在 A1 显示"14"。

如果公式输入有误，修改公式的操作与修改文本的操作一样。

公式中允许使用的运算符有"+""-""*"" / "" ()""%""=""<"">""<="">="等。

【操作实例 3-34】用公式方法求"学生成绩统计表"工作簿的"软件 1 班"工作表中每个学生的总分。

操作实例 3-34 视频演示

（1）选中"总分"下的 G3 单元格，然后在编辑栏里输入"=D3+E3+F3"，如图 3-36 所示。

RANK		× ✓ ƒx	=D3+E3+F3					
	A	B	C	D	E	F	G	H
1				学生成绩统计表				
2	学号	姓名	性别	高等数学	C语言	实用英语	总分	排名
3	1	王鑫	男	95	74	84	+E3+F3	
4	2	刘瑞意	男	78	98	78		
5	3	周雪冰	男	85	73	60		
6	4	杨涛	男	86	65	61		
7	5	张晓帆	男	50	87	78		
8	6	朱宏进	女	65	48	97		
9	7	李俊新	女	66	91	76		
10	8	郭思琪	女	93	86	88		
11	9	胡静辉	女	74	86	52		
12	10	徐子茜	女	96	77	77		

图 3-36　用公式求和

（2）按回车键，即求出"王鑫"的总分。

（3）选中 G3 单元格，向下拖动自动填充手柄到 G12 单元格释放鼠标，即可求出其他学生的总分，如图 3-37 所示。

G3		ƒx	=D3+E3+F3					
	A	B	C	D	E	F	G	H
1				学生成绩统计表				
2	学号	姓名	性别	高等数学	C语言	实用英语	总分	排名
3	1	王鑫	男	95	74	84	253.0	
4	2	刘瑞意	男	78	98	78	254.0	
5	3	周雪冰	男	85	73	60	218.0	
6	4	杨涛	男	86	65	61	212.0	
7	5	张晓帆	男	50	87	78	215.0	
8	6	朱宏进	女	65	48	97	210.0	
9	7	李俊新	女	66	91	76	233.0	
10	8	郭思琪	女	93	86	88	267.0	
11	9	胡静辉	女	74	86	52	212.0	
12	10	徐子茜	女	96	77	77	250.0	

图 3-37　求和结果

2. 自动求和

为了简化对于多个单元格数据累加求和公式的编辑，Excel 2010 常用工具栏设置了自动求和按钮∑，利用它可以完成对行或列中相邻单元格数据的求和。

具体操作方法为：选定需要求和的单元格区域和结果存放的单元格区域，单击常用工具栏上的自动求和按钮∑。

操作实例 3-35 视频演示

【操作实例 3-35】在“学生成绩统计表”工作簿的“软件 1 班”工作表中，用自动求和的方法求总分。

选中 D3～G12 单元格，如图 3-38 所示。

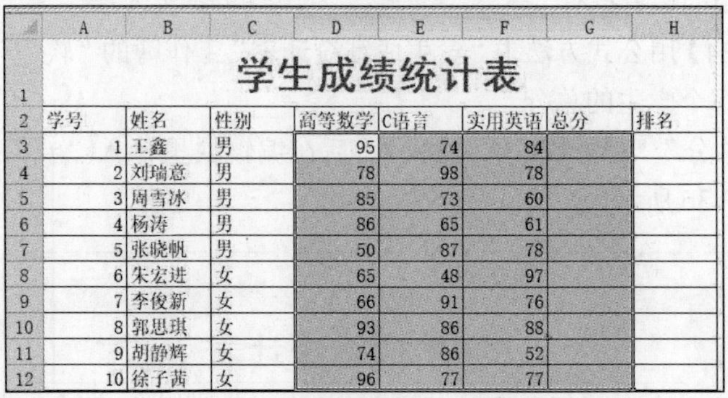

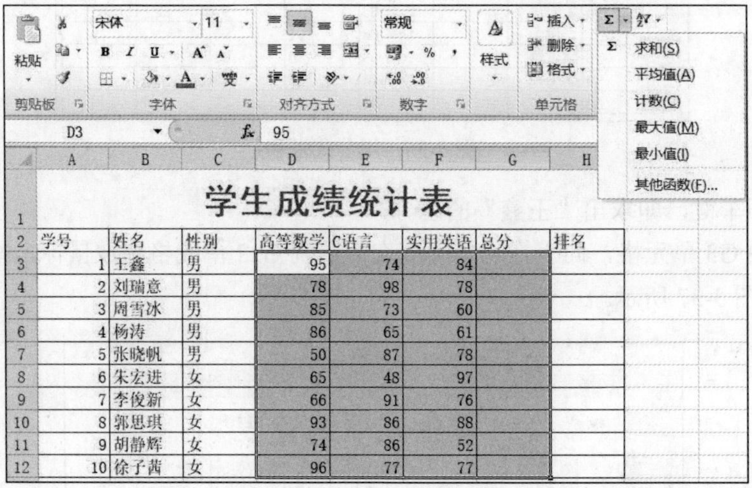

	A	B	C	D	E	F	G	H
1	学生成绩统计表							
2	学号	姓名	性别	高等数学	C语言	实用英语	总分	排名
3	1	王鑫	男	95	74	84		
4	2	刘瑞意	男	78	98	78		
5	3	周雪冰	男	85	73	60		
6	4	杨涛	男	86	65	61		
7	5	张晓帆	男	50	87	78		
8	6	朱宏进	女	65	48	97		
9	7	李俊新	女	66	91	76		
10	8	郭思琪	女	93	86	88		
11	9	胡静辉	女	74	86	52		
12	10	徐子茜	女	96	77	77		

图 3-38 选中 D3～G12 单元格

单击“开始”选项卡“编辑”组中的自动求和按钮Σ，如图 3-39 所示。

	A	B	C	D	E	F	G	H
1	学生成绩统计表							
2	学号	姓名	性别	高等数学	C语言	实用英语	总分	排名
3	1	王鑫	男	95	74	84		
4	2	刘瑞意	男	78	98	78		
5	3	周雪冰	男	85	73	60		
6	4	杨涛	男	86	65	61		
7	5	张晓帆	男	50	87	78		
8	6	朱宏进	女	65	48	97		
9	7	李俊新	女	66	91	76		
10	8	郭思琪	女	93	86	88		
11	9	胡静辉	女	74	86	52		
12	10	徐子茜	女	96	77	77		

图 3-39 Σ自动求和

3.6.3 函数

函数是对一个或多个执行运算的数据进行指定的计算并返回计算值的公式。执行运算的数据（包括文字、数字、逻辑值）称为函数的参数，经函数执行后传回来的数据称为函数的结果。

函数是预定义的内置公式。它使用被称为参数的特定数值，按被称为语法的特定顺序进行计算。例如，SUM 函数对单元格或单元格区域进行加法运算。

1. 函数的分类

Excel 2010 中的函数通常分为常用函数、工程函数、财务函数、数学与三角函数、统计函数、查询与引用函数、数据库函数、文本函数、逻辑函数、信息函数等。

2. 输入函数

函数的一般格式如下：

函数名(参数 1,参数 2,参数 3,…)

输入函数时必须遵守函数所要求的格式，即函数名称、括号和参数。如：SUM(Number1, Number2,Number3,…)。

函数输入有两种方法：

（1）手动输入函数。选中要存放结果的单元格，然后单击编辑栏，在编辑栏里输入等号和函数，如"=SUM(A1:A12)"。

（2）利用"插入函数"按钮输入函数。使用"插入函数"按钮的方式输入方法：选中要存放结果的单元格，然后单击"插入函数"按钮 f_x，打开"插入函数"对话框（图 3-40），从"选择类别"下拉列表框中选择所需要的函数类别，再从"选择函数"列表框中选择所需要的函数。

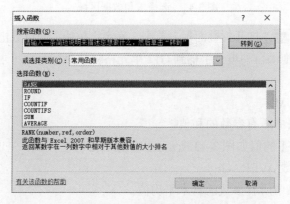

图 3-40 "插入函数"对话框

【操作实例 3-36】在"学生成绩统计表"工作簿的"软件 1 班"工作表中，用"插入函数"按钮的方法求总分。

操作实例 3-36 视频演示

选中"总分"下的 G3 单元格，单击"插入函数"按钮，打开"插入函数"对话框。从"选择类别"下拉列表框中选择"常用函数"，再从"选择函数"列表框中选择 SUM 函数，单击"确定"按钮，打开"函数参数"对话框，如图 3-41 所示。

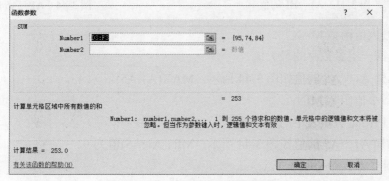

图 3-41 "函数参数"对话框

单击"Number1"后的"折叠"按钮,用鼠标拖动选择要求和的数据区域 D3:F3,如图 3-42 所示。

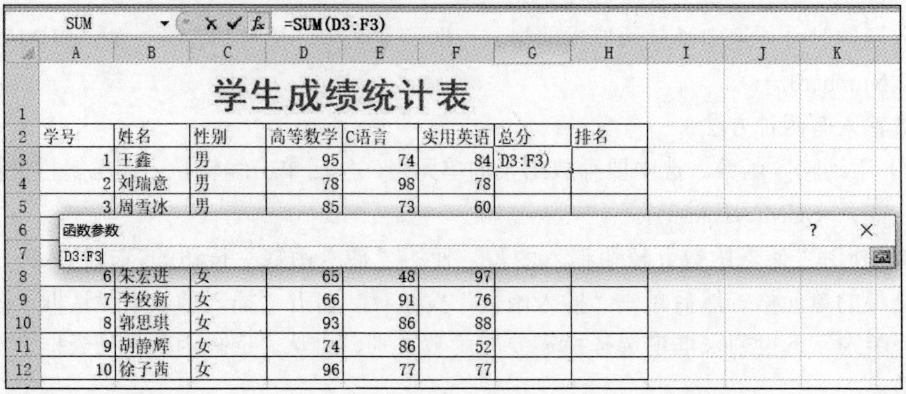

图 3-42 选择求和数据区域

单击"折叠"按钮,打开折叠面板,单击"确定"按钮,即可求出学生"王鑫"的总分。选中 G3 单元格,向下拖动自动填充手柄到 G12 单元格释放鼠标,即可求出其他学生的总分。

3．常用函数

（1）求和函数 SUM。

功能：返回参数表中所有参数的和值。

例如：已知 A1～E1 的值如图 3-43 所示,SUM(A1,C1)值为 28,SUM(B1:E1,10)值为 135。

（2）求平均值函数 AVERAGE。

功能：返回参数表中所有参数的算术平均值。

例如：已知 A1～A5 的值如图 3-44 所示,AVERAGE(A1:A5)值为 22.6。

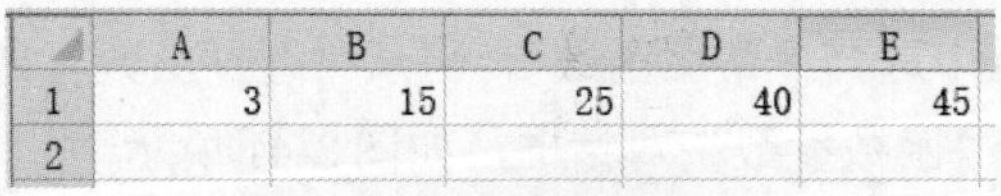

	A	B	C	D	E
1	3	15	25	40	45
2					

图 3-43 A1～E1 的值

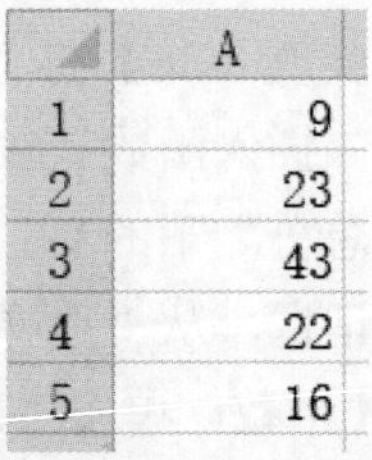

	A
1	9
2	23
3	43
4	22
5	16

图 3-44 A1～A5 的值

（3）求最大值函数 MAX。

功能：返回一组参数中的最大值。

例如：已知 A1～A5 的值如图 3-44 所示,MAX(A1:A5)值为 43。

（4）求最小值函数 MIN。

功能：返回给定参数表中的最小值。

例如：已知 A1～A5 的值如图 3-44 所示,MIN(A1:A5)值为 9。

（5）统计个数函数 COUNT。

功能：计算包含数字的单元格以及参数列表中的数字个数（含日期项）。

例如：已知 A1～A7 的值如图 3-45 所示，COUNT(A1:A7)值为 3。

（6）有条件计数函数 COUNTIF。

功能：计算给定区域内满足特定条件的单元格的数目。

使用 COUNTIF 函数的一般形式如下：

COUNTIF(单元格区域,条件)

其中条件为数字、表达式或文本。

例如：若 A3:A6 中的内容分别为 22、34、68、95，则 COUNTIF(A3:A6,">50")的值为 2。

（7）四舍五入函数 ROUND。

功能：计算数值型参数四舍五入到第 n 位的近似值。

使用 ROUND 函数的一般形式如下：

ROUND(数值型参数,n)

其中，若 n>0，则对数据的小数部分从左到右的第 n 位四舍五入；若 n=0，则对数据的小数部分最高位四舍五入取数据的整数部分；若 n<0，对数据的整数部分从右到左的第 n 位四舍五入。

（8）条件函数 IF。

功能：若逻辑表达式成立，则函数值为"表达式 1"，否则函数值为"表达式 2"。

使用 IF 函数的一般形式如下：

IF(逻辑表达式,表达式 1,表达式 2)

（9）数值排位函数 RANK。

功能：计算某数值在一列数值中相对于其他数值的大小排名。

使用 RANK 函数的一般形式如下：

RANK(Number,Ref,[Order])

其中，Number 为需要找到排位的数值，Ref 为数值列表或对数值列表的引用，Order 指明排位的方式。如果 Order 为 0 或省略，则 Excel 2010 对数值的排位按照降序排列。如果 Order 不为 0，则 Excel 2010 对数值的排位按照升序排列。

【操作实例 3-37】在"学生成绩统计表"工作簿的"软件 1 班"工作表中，用 RANK 函数根据总分进行成绩排名，结果如图 3-46 所示。

图 3-45 A1～A7 的值

	A
1	数字
2	
3	67
4	91.9
5	2023/7/1
6	文本
7	TRUE

操作实例 3-37 视频演示

学生成绩统计表

学号	姓名	性别	高等数学	C语言	实用英语	总分	排名
1	王鑫	男	95	74	84	253.0	3
2	刘瑞意	男	78	98	78	254.0	2
3	周雪冰	男	85	73	60	218.0	6
4	杨涛	男	86	65	61	212.0	8
5	张晓帆	男	50	87	78	215.0	7
6	朱宏进	女	65	48	97	210.0	10
7	李俊新	女	66	91	76	233.0	5
8	郭思琪	女	93	86	88	267.0	1
9	胡静辉	女	74	86	52	212.0	8
10	徐子茜	女	96	77	77	250.0	4

图 3-46 总分成绩排名结果

选中"排名"下的 H3 单元格，单击"插入函数"按钮，打开"插入函数"对话框。在"搜索函数"文本框中输入"RANK"，单击"转到"按钮，从"选择函数"列表框中选中"RANK"函数，单击"确定"按钮后打开"函数参数"对话框。

在"函数参数"对话框"Number"文本框中输入"G3"，"Ref"文本框中输入"$G$3:$G$12"，由于按总分降序排位，"Order"参数值忽略，如图 3-47 所示。单击"确定"按钮，即可求出学生"王鑫"的总分排名。选中 H3 单元格，向下拖动自动填充手柄到 H12 单元格释放鼠标，即可求出其他学生的总分排名。

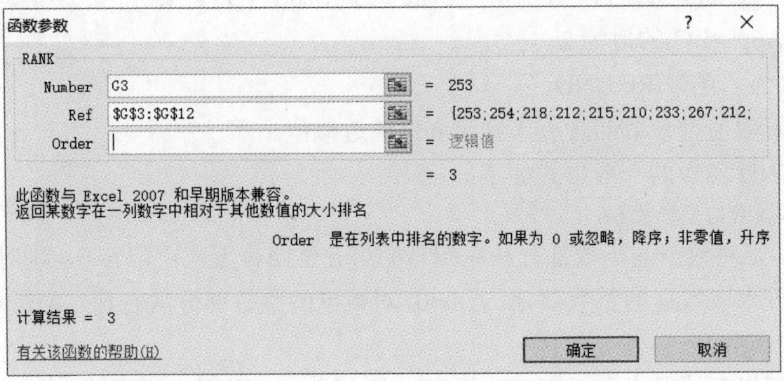

图 3-47　RANK"函数参数"对话框

（10）有条件求和函数 SUMIF。

功能：对满足条件的单元格求和。

使用 SUMIF 函数的一般形式如下：

> SUMIF(条件区域,条件,求和区域)

例如：若 A1:A6 中的数值分别为 15、34、54、23、13、51，则 SUMIF(A1:A6,>50,A1:A6) 的值为 105。

3.7　图　表　制　作

Excel 2010 提供了强大的图表功能和绘制及导入图形功能。用户可以很方便地创建数据图表，还可以对数据图表进一步修饰，如添加文字、标题、图例或改变底纹，使工作表中本来枯燥乏味的数据形象化。同时，根据数据分析的要求使用适当的数据图表类型，便于寻找和发现数据中的相互关系，从而发挥数据的价值。

3.7.1　创建图表

Excel 2010 中的数据图表有两种存在方式：一种是嵌入图，即数据图表与相关的数据同时显示于一个工作表中；另一种是独立图表，即数据图表单独存在于一个工作表中，也就是在工作簿中当前数据源工作表之外另外建立一个独立的数据图表作为特殊工作表，即图表与数据是分开的。

【操作实例 3-38】创建"学生成绩统计表"工作簿"软件 1 班"工作表内嵌的数据簇状圆柱图表，图表的标题为"学生成绩统计"，X 轴的标题为"姓名"，Y 轴的标题为"分数"。

同时选中 B2:B12 和 D2:F12 单元格区域。单击"插入"选项卡"图表"组中的"柱形图"按钮，单击"簇状圆柱图"（图 3-48），生成如图 3-49 所示的默认图表。

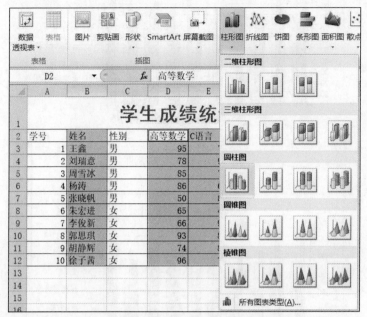

操作实例 3-38
视频演示

图 3-48　"柱形图"列表

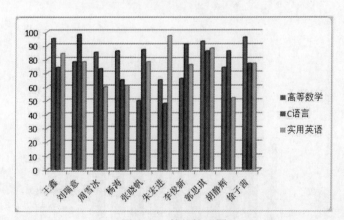

图 3-49　簇状柱形图

单击选中图表，此时功能区出现"图标工具"选项卡，选择"设计"选项卡"图表样式"组的按钮可以改变图表颜色。单击"布局"选项卡"标签"组的"图表标题"按钮，在出现的下拉菜单中执行"图标上方"命令，输入图表标题"学生成绩统计"，如图 3-50 所示。

单击"布局"选项卡"标签"组的"坐标轴标题"按钮，从下拉菜单中的"主要横坐标轴标题"中执行"坐标轴下方标题"命令，在横坐标轴标题文本框中输入"姓名"，如图 3-51 所示。

单击"布局"选项卡标签"组的"坐标轴标题"按钮，从下拉菜单中的"主要纵坐标轴标题"中执行"竖排标题"命令，在纵坐标轴标题文本框中输入"分数"，如图 3-52 所示。

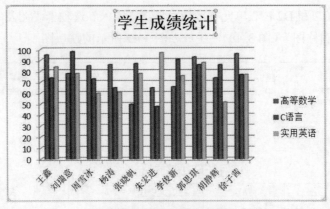

图 3-50　输入图表标题

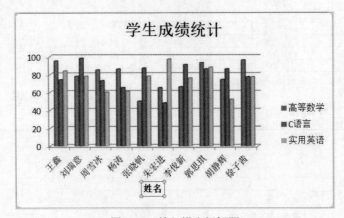

图 3-51　输入横坐标标题

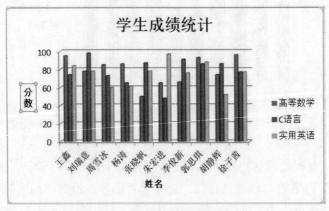

图 3-52　输入纵坐标标题

3.7.2　图表的修饰与编辑

默认创建的图表显示效果不一定能满足用户的需要，这时就需要对其进行修饰或编辑。根据需要可利用"图表工具"的"设计""布局""格式"选项卡中的命令按钮对已建立好的图表进行修改与编辑。也可以右击图表内容，使用弹出的快捷菜单的命令（图 3-53）对图表进行修改和编辑。

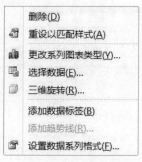

图 3-53　修改图表快捷菜单

1. 图表对象的修饰

（1）图表标题的修饰。双击图表标题弹出"设置图表标题格式"对话框，如图 3-54 所示。该对话框包含"填充""边框颜色""边框样式""阴影""对齐方式"等选项，可根据需要选择某选项卡后进行有关设置，以修饰图表的标题。

（2）图表坐标轴的修饰。双击坐标轴刻度线旁的刻度数字或文字，弹出"设置坐标轴格式"对话框，如图 3-55 所示。该对话框包含"坐标轴选项""数字""填充""线型""对齐方式"等选项，可根据需要选择某选项后进行有关设置，以修饰图表的坐标轴。

图 3-54　"设置图表标题格式"对话框

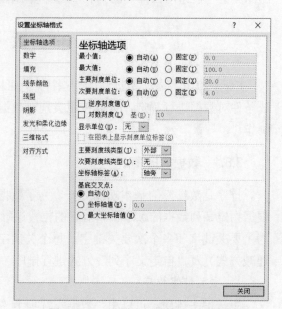

图 3-55　"设置坐标轴格式"对话框

2. 改变图表数据区域

（1）添加数据区域。如要将"学生成绩统计表"中的"总分"数据添加到图表中，可以选择图表绘图区，再单击"图标工具"的"设计"选项卡"数据"组中的"选择数据"按钮。也可以右击图表，在弹出的快捷菜单中执行"选择数据"命令。以上两种方法均会打开"选择数据源"对话框，如图 3-56 所示。在该对话框中添加"总分"数据项即可。

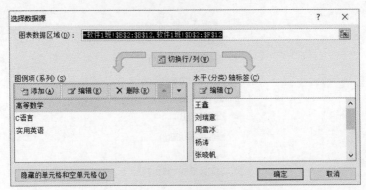

图 3-56　"选择数据源"对话框

（2）删除图表中数据。删除工作表内所有数据时，图表也随之删除；删除工作表内部分生成图表的数据时，图表也随之更新；删除图表中的数据时，可以单击要删除的图表系列，按<Delete>键。也可以使用"选择数据源"对话框的"图例项（系列）"中的"删除"按钮进行数据删除。

3．改变图表类型

单击所要修改的图表，再单击在"图表工具"的"设计"选项卡"类型"组中的"更改图标类型"按钮，在打开的列表中选择新的图表类型。

3.8　数　据　管　理

Excel 2010 具备了数据库的一些特点，可以将工作表中的数据进行排序，可以通过设定筛选条件对数据进行筛选，可以按照类别对数据表的数据进行汇总，还可以进行数据透视表的制作。

3.8.1　数据的排序

排序是数据库的基本功能之一，为了数据查找方便，往往需要对数据进行排序。排序是根据指定某列数据的顺序重新对行的位置进行调整。Excel 2010 为用户提供了多级排序，分别为主要关键字和多个次要关键字，每个关键字均可按"升序"（即递增方式）或"降序"（即递减方式）及"自定义序列"方式进行排序。

1．主关键字排序

主关键字排序，可以用"数据"选项卡"排序和筛选"组的"降序"按钮或"升序"按钮按钮进行排序。方法为：单击工作表中排序依据的列中的任意一个单元格，再单击"数据"选项卡"排序和筛选"组的"升序"按钮或"降序"按钮。

注意：使用"升序"或"降序"按钮只能进行单一关键字的排序。

2．使用选项卡的命令对数据库进行排序

如果要进行排序的列中有重复的数据，单一关键字无法进行排序，此时可以借助多级"次要关键字"排序,具体为:选中工作表中要进行排序的数据清单内容,执行"数据"选项卡"排序和筛选"组的"排序"命令,打开"排序"对话框,如图 3-57 所示。对"主要关键字"的"列""排序依据""次序"进行设置后,单击"添加条件"按钮可添加"次要关键字",并对该"次要关键字"的相关信息进行设置。可添加多级"次要关键字"。单击"确定"按钮完成排序。

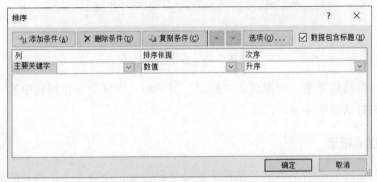

图 3-57 "排序"对话框

【操作实例 3-39】在"学生成绩统计表"工作簿的"软件 1 班"工作表中,将"学生成绩统计表"数据清单以"总分"为主要关键字,以"高等数学"为次要关键字进行递减排序。

操作实例 3-39 视频演示

选中工作表中要进行排序的"学生成绩统计表"中的所有内容(注意:表格标题"学生成绩统计表"不在选中范围内),选"数据"选项卡"排序和筛选"组的"排序"命令,打开"排序"对话框。

在"主要关键字"下拉列表中选"总分",再选中其后的"降序"选项;单击"添加条件"按钮,在出现的"次要关键字"下拉列表中选"高等数学",选中其后的"降序"选项,如图 3-58 所示,单击"确定"按钮,就按要求完成了数据的排序。排序结果如图 3-59 所示。

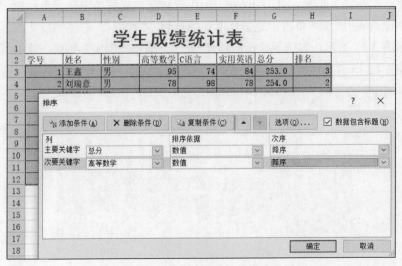

图 3-58 用"排序"对话框排序

图 3-59　排序结果

如果对排序有特殊要求，可以使用"排序"对话框"次序"下拉列表中的"自定义序列"命令，在弹出的对话框中实现。

3.8.2　数据的筛选

筛选数据只是将数据清单中满足条件的记录显示出来，而将不满足条件的记录暂时隐藏。使用筛选功能可以从一个很大的数据库中检索到所需的信息，实现方法是使用筛选命令中的"自动筛选"和"高级筛选"。

一般情况下，"自动筛选"就能够满足大部分的需要。不过，当需要利用复杂的条件来筛选数据清单时，必须使用"高级筛选"。

1. 自动筛选

自动筛选分为单一条件筛选和自定义筛选。单一条件筛选是指筛选的条件只有一个，自定义筛选是指筛选的条件有两个或在某个条件范围内。

（1）单一条件筛选。

【操作实例 3-40】在"学生成绩统计表"工作簿的"软件 1 班"工作表中筛选出女学生。

在数据清单中选定所有表格内容（表格标题不在选择范围内）。执行"数据"选项卡"排序与筛选"组的"筛选"命令。此时 Excel 2010 自动在数据清单中每一个列标记的旁边插入下拉箭头，如图 3-60 所示。单击筛选条件所在数据列（"性别"）右侧的箭头按钮，打开一个下拉列表，如图 3-61 所示。勾选要显示的项（"女"），单击"确定"按钮，我们就可以看到筛选结果，如图 3-62 所示。

图 3-60　使用自动筛选后的数据清单

图 3-61　打开"性别"自动筛选下拉列表

学号	姓名	性别	高等数	C语言	实用英	总分	排名
8	郭思琪	女	93	86	88	267.0	1
10	徐子茜	女	96	77	77	250.0	4
7	李俊新	女	66	91	76	233.0	5
9	胡静辉	女	74	86	52	212.0	8
6	朱宏进	女	65	48	97	210.0	10

图 3-62　筛选结果

（2）自定义筛选。

【操作实例 3-41】在"学生成绩统计表"工作簿的"软件 1 班"工作表中，筛选出"实用英语"成绩大于或等于 85 分的学生。

在数据清单中选定所有表格内容（表格标题不在选择范围内）。执行"数据"选项卡"排序与筛选"组的"筛选"命令。此时 Excel 2010 自动在数据清单中每一个列标记的旁边插入下拉箭头。单击"实用英语"右侧的箭头按钮，打开下拉列表。在下拉列表中执行"数字筛选"命令，在下一级菜单中执行"自定义筛选"命令，出现"自定义自动筛选方式"对话框，如图 3-63 所示。在"实用英语"的第一个下拉列表框中，选定"大于或等于"。在其右侧的下拉列表框中，输入条件数值"85"，单击"确定"按钮。数据的筛选结果如图 3-64 所示。

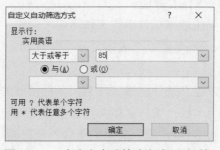

图 3-63　"自定义自动筛选方式"对话框

图 3-64　筛选结果

若要取消自动筛选，可执行"数据"选项卡"排序与筛选"组的"清除"命令，再执行"筛选"命令，便恢复到筛选前的数据清单。

（3）多条件筛选。当筛选字段为多个字段内容时，即为多字段条件筛选。可通过多次执行自动筛选的方式完成。

操作实例 3-42 视频演示

【操作实例 3-42】在"学生成绩统计表"工作簿的"软件 1 班"工作表中，找出"高等数学"成绩大于或等于 80 分并且小于 95 分的男生。

根据操作要求分析如下：

条件 1：高等数学成绩大于或等于 80 且小于 95；

条件 2：性别为男。

在数据清单中选定所有表格内容（表格标题不在选择范围内）。执行"数据"选项卡"排序与筛选"组的"筛选"命令。此时 Excel 2010 自动在数据清单中每一个列标记的旁边插入下拉箭头。单击"高等数学"右侧的箭头按钮，打开下拉列表。在下拉列表中执行"数字筛选"命令，在下一级菜单中执行"自定义筛选"命令，出现"自定义自动筛选方式"对话框。在"高等数学"的第一个下拉列表框中选定"大于或等于"，在其右侧的下拉列表框中输入"80"；在第二行下拉列表框中选定"小于"，在其右侧的下拉列表框中输入"95"，在两行之间的逻辑关系单选按钮中选中"与"。单击"确定"按钮，即可筛选出满足条件 1 的记录。在条件 1筛选出的数据清单中，再进行条件 2 的筛选。筛选结果如图 3-65 所示。

图 3-65　多条件自动筛选结果

2. 高级筛选

高级筛选主要用于多字段条件的筛选。

【操作实例 3-43】在"学生成绩统计表"工作簿的"软件 1 班"工作表中，筛选出"实用英语"成绩大于或等于 80、"高等数学"成绩大于或等于 80、"C 语言"成绩大于或等于 80的数据（三科成绩都在 80 分以上）。

在数据清单的上方或下方建立条件区域（注意：条件区域的第一行为条件字段名并且必须与数据清单中的字段名完全一致；条件区域与数据清单之间至少要有一行空行；筛选条件中"与"关系的条件必须在同一行，"或"关系的条件不能在同一行出现），执行"数据"选项卡"排序与筛选"组的"高级"命令，出现"高级筛选"对话框，设定列表区域和条件区域（图 3-66），单击"确定"按钮。高级筛选结果如图 3-67 所示。

	A	B	C	D	E	F	G	H
1				学生成绩统计表				
2	学号	姓名	性别	高等数学	C语言	实用英语	总分	排名
3	8	郭思琪	女	93	86	88	267.0	1
4	2	刘瑞意	男	78	98	78	254.0	2
5	1	王鑫	男					
6	10	徐子茜	女					
7	7	李俊新	女					
8	3	周雪冰	男					
9	5	张晓帆	男					
10	4	杨涛	男					
11	9	胡静辉	女					
12	6	朱宏进	女					
13								
14		实用英语	高等数学	C语言				
15		>=80	>=80	>=80				

高级筛选对话框内容：
方式
○ 在原有区域显示筛选结果(F)
○ 将筛选结果复制到其他位置(O)
列表区域(L)：$A$2:$H$12
条件区域(C)：软件1班!$B$14:$D$15
复制到(T)：
□ 选择不重复的记录(R)
确定　取消

图 3-66　"高级筛选"对话框

	A	B	C	D	E	F	G	H
1				学生成绩统计表				
2	学号	姓名	性别	高等数学	C语言	实用英语	总分	排名
3	8	郭思琪	女	93	86	88	267.0	1
13								
14		实用英语	高等数学	C语言				
15		>=80	>=80	>=80				

图 3-67　高级筛选结果

3.8.3　分类汇总报表

分类汇总是指在数据清单中快速汇总各项数据的方法。Excel 2010 提供了分类汇总命令，通过这些命令，可直接对数据清单进行汇总。

在分类汇总前，首先对数据清单中要分类汇总的项（字段）进行排序。按指定字段排序的作用是将数据清单的数据分类。因此，分类汇总所选择的分类字段必须是排序依据的关键字段。汇总只能对数值型字段进行处理。

分类汇总的操作：以分类字段为关键字进行排序，在数据清单中选定所有表格内容（表格标题不在选择范围内），然后执行"数据"选项卡"分级显示"组的"分类汇总"命令，打开"分类汇总"对话框，如图 3-68 所示。在"分类字段"下拉列表中选定分类字段，在"汇总方式"下拉列表中选定用于分类汇总计算的函数，从"选定汇总项"列表框中，选定要进行分类汇总计算的数值字段，单击"确定"按钮。

【操作实例 3-44】在"学生成绩统计表"工作簿的"软件 1 班"工作表中，以"性别"为分类字段，将各科成绩及总分进行汇总求和。

以分类字段"性别"作为关键字进行升序（或降序）排序。例如，图 3-69 为以总分降序进行排序。

操作实例 3-44 视频演示

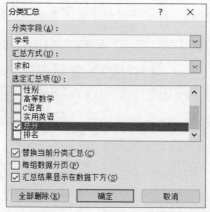

图 3-68 "分类汇总"对话框

	A	B	C	D	E	F	G	H
1				学生成绩统计表				
2	学号	姓名	性别	高等数学	C语言	实用英语	总分	排名
3	2	刘瑞意	男	78	98	78	254.0	2
4	1	王鑫	男	95	74	84	253.0	3
5	3	周雪冰	男	85	73	60	218.0	6
6	5	张晓帆	男	50	87	78	215.0	7
7	4	杨涛	男	86	65	61	212.0	8
8	8	郭思琪	女	93	86	88	267.0	1
9	10	徐子茜	女	96	77	77	250.0	4
10	7	李俊新	女	66	91	76	233.0	5
11	9	胡静辉	女	74	86	52	212.0	8
12	6	朱宏进	女	65	48	97	210.0	10

图 3-69 以"性别"为关键字排序

选定所有表格内容（表格标题不在选择范围内），执行"数据"选项卡"分级显示"组的"分类汇总"命令，打开"分类汇总"对话框，在"分类字段"下拉列表中选定"性别"，在"汇总方式"下拉列表中选定"求和"，从"选定汇总项"列表框中勾选"高等数学""C语言""实用英语""总分"，单击"确定"按钮，如图 3-70 所示。分类汇总结果如图 3-71 所示。

	A	B	C	D	E	F	G	H
1				学生成绩统计表				
2	学号	姓名	性别	高等数学	C语言	实用英语	总分	排名
3	2	刘瑞意	男	78	98	78	254.0	2
4	1	王鑫						3
5	3	周雪冰						6
6	5	张晓帆						7
7	4	杨涛						8
8	8	郭思琪						1
9	10	徐子茜						4
10	7	李俊新						5
11	9	胡静辉						8
12	6	朱宏进						10
13								
14								
15								
16								
17								
18								
19								

图 3-70 设置"分类汇总"对话框

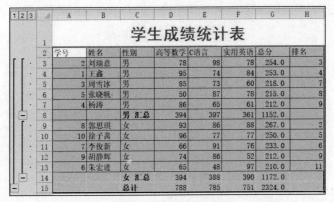

图 3-71 分类汇总结果

若要取消分类汇总，单击"分类汇总"对话框中的"全部删除"按钮，可取消分类汇总结果的显示，并恢复至原始数据清单。

3.8.4 数据透视表

数据透视表是一种可以对大量数据快速汇总和建立交叉列表的交互式表格。它能够对行和列进行转换以查看数据源的不同汇总结果，并显示不同页面以筛选数据，还可以根据需要显示区域中的明细数据。数据透视表是一种动态工作表，它提供了一种以不同角度观看数据清单的简便方法。

1. 数据透视表简介

数据透视表一般由以下几个部分组成：

（1）页字段：数据透视表中指定为页方向的数据源中的字段。单击页字段的不同项，在数据透视表中会显示与该项相关的汇总数据。数据源中的每个字段都将成为页字段列表中的一项。

（2）数据字段：含有数据的数据源中的字段，它通常汇总数值型数据，数据透视表中的数据字段值来源于数据清单中同数据透视表行、列、数据字段相关的记录的统计。

（3）数据项：数据透视表中的分类，它代表数据源中同一字段或列中的单独条目。数据项以行标或列标的形式出现，或出现在页字段的下拉列表框中。

（4）行字段：数据透视表中指定为行方向的数据源中的字段。

（5）列字段：数据透视表中指定为列方向的数据源中的字段。

（6）数据区域：数据透视表中含有汇总数据的区域。数据区中的单元格用来显示行和列字段中数据项的汇总数据，数据区每个单元格中的数值代表记录或行的汇总。

2. 创建数据透视表

【操作实例 3-45】将"学生成绩统计表"工作簿的"软件 1 班"工作表中数据作为数据源（图 3-72）创建数据透视表，显示男生和女生的"高等数学""C 语言""实用英语"三门课程的总成绩以及总分的合计。

操作实例 3-45 视频演示

在数据清单中选定所有表格内容（表格标题不在选择范围内），执行"插入"选项卡"表格"组的"数据透视表"命令，出现如图 3-73 所示的"创建数据透视表"对话框。

	A	B	C	D	E	F	G	H
1	学生成绩统计表							
2	学号	姓名	性别	高等数学	C语言	实用英语	总分	排名
3	1	王鑫	男	95	74	84	253.0	3
4	2	刘瑞意	男	78	98	78	254.0	2
5	3	周雪冰	男	85	73	60	218.0	6
6	4	杨涛	男	86	65	61	212.0	8
7	5	张晓帆	男	50	87	78	215.0	7
8	6	朱宏进	女	65	48	97	210.0	10
9	7	李俊新	女	66	91	76	233.0	5
10	8	郭思琪	女	93	86	88	267.0	1
11	9	胡静辉	女	74	86	52	212.0	8
12	10	徐子茜	女	96	77	77	250.0	4

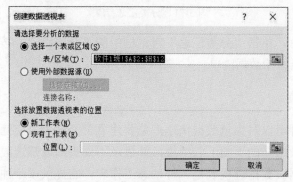

图 3-72　数据源

图 3-73　“创建数据透视表”对话框

在该对话框中，“选择一个表或区域”项的“表/区域”的输入框中默认为已选中的数据清单的数据区域。在“选择放置数据透视表的位置”选项组中选中“新工作表”。单击“确定”按钮，弹出“数据透视表字段列表”对话框（图 3-74）及未完成的数据透视表。

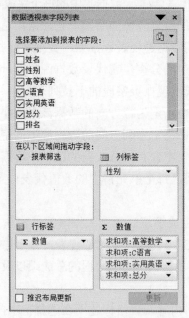

图 3-74　“数据透视表字段列表”对话框

在弹出的"数据透视表字段列表"对话框中，选定数据透视表的"列标签""行标签""∑数值"。将"性别"移动到"列标签"，将"高等数学""C 语言""实用英语""总分"移动到"∑数值"，四个字段会自动显示为"求和项：高等数学""求和项：C 语言""求和项：实用英语""求和项：总分"，再将"列标签"中的"∑数值"移动到"行标签"。这样，完成数据透视表的创建，如图 3-75 所示。

选中数据透视表，右击，在弹出的快捷菜单中执行"数据透视表选项"命令，出现"数据透视表选项"对话框。在该对话框中可以改变数据透视表的布局、格式、汇总和筛选项以及显示方式等，如图 3-76 所示。

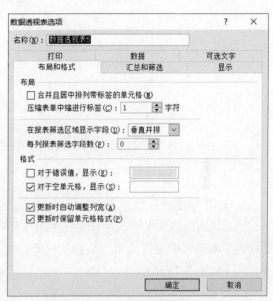

值	列标签 ▾		
	男	女	总计
求和项:高等数学	394	394	788
求和项:C语言	397	388	785
求和项:实用英语	361	390	751
求和项:总分	1152	1172	2324

图 3-75　数据透视表　　　　　　　　图 3-76　"数据透视表选项"对话框

3.9 打　印

在创建工作表后，经过编辑、格式化后通常需要将它打印出来。在打印之前，需要对打印的工作表进行一些必要的打印设置，这样可以使打印效果更美观。

3.9.1 页面设置

页面设置是指对打印页面布局和格式的合理安排，如行号、列标、页边距、页眉页脚等一系列设置。单击"页面布局"选项卡"页面设置"组中右下角的"页面设置"按钮，可激活"页面设置"对话框，在该对话框中可以对页面、页边距、页眉/页脚和工作表进行设置。

1. 设置页面

在"页面设置"对话框中的"页面"选项卡（图 3-77）中，用户可以将"方向"调整为"纵向"或"横向"；调整打印的"缩放比例"，可选择 10%至 400%尺寸的效果打印，100%为正常尺寸；设置"纸张大小"，从下拉列表中可以选择用户需要的打印纸的类型；"打印质量"

列表中列出了可供选择的选项；如果用户只打印某一页码之后的部分，可以在"起始页码"中设定。

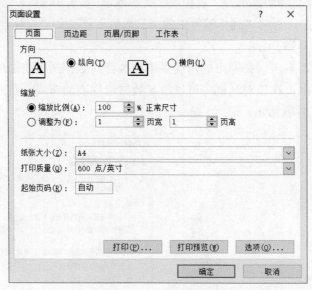

图 3-77 "页面"选项卡

2. 设置页边距

"页边距"选项卡中，可分别在"上""下""左""右"编辑框中设置页边距。在"页眉""页脚"编辑框中设置页眉、页脚的位置；在"居中方式"中，可选"水平"和"垂直"两种方式，如图 3-78 所示。

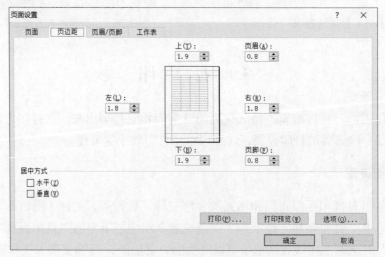

图 3-78 "页边距"选项卡

3. 设置页眉/页脚

在"页眉/页脚"选项卡中，单击"页眉"下拉列表可选定一些系统定义的页眉，同样，在"页脚"下拉列表中可以选定一些系统定义的页脚，如图 3-79 所示。

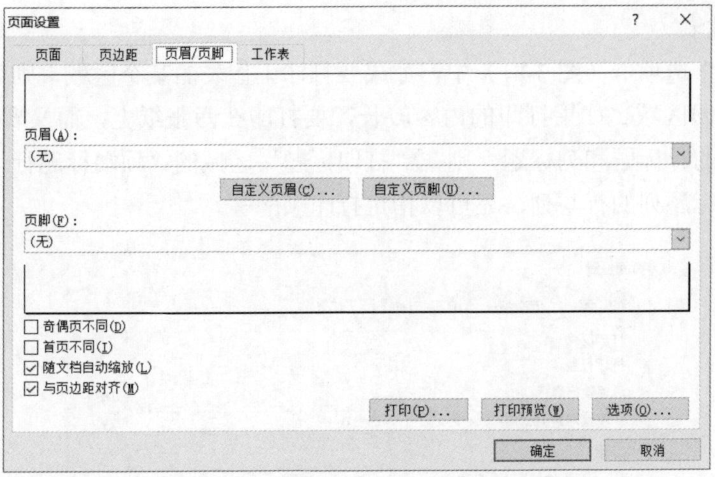

图 3-79　"页眉/页脚"选项卡

单击"自定义页眉"按钮，系统会弹出一个如图 3-80 所示的对话框，进行用户自己定义的页眉的编辑。在这个对话框中，可以在"左""中""右"框中输入自己期望的页眉。另外，在上方还有十个不同的按钮，其功能分别如下：

A：引出"字体"对话框，可为要输入的文本或选定的文本设置字体、字号等格式。

：当前页码，显示方式为"&[页码]"。

：当前打印总页数，显示方式为"&[总页数]"。

：当前日期，显示方式为"&[日期]"。

：当前时间，显示方式为"&[时间]"。

：当前文件路径，显示方式为"&[路径]&[文件]"。

：当前文件名，显示方式为"&[文件]"。

：当前工作表名，显示方式为"&[标签名]"。

：插入图片，显示方式为"&[图片]"。

：引出设置图片格式对话框，只有当插入图片后才有效。

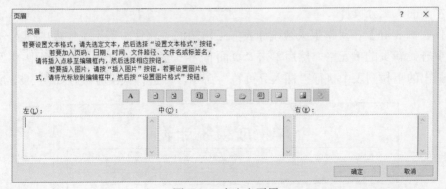

图 3-80　自定义页眉

单击"自定义页脚"按钮，系统也会弹出一个与自定义页眉相似的对话框，用户可自行编辑页脚。

4. 设置工作表

在“工作表”选项卡（图 3-81）中，如果要打印工作表的某个区域，则可在“打印区域”文本框中输入打印区域。如果打印的内容较长，要打印在两张纸上，而又要求在第二页上具有与第一页相同的行标题和列标题，则在“打印标题”区域的“顶端标题行”“左端标题列”中指定标题行和标题列的行与列，还可以指定打印顺序等。

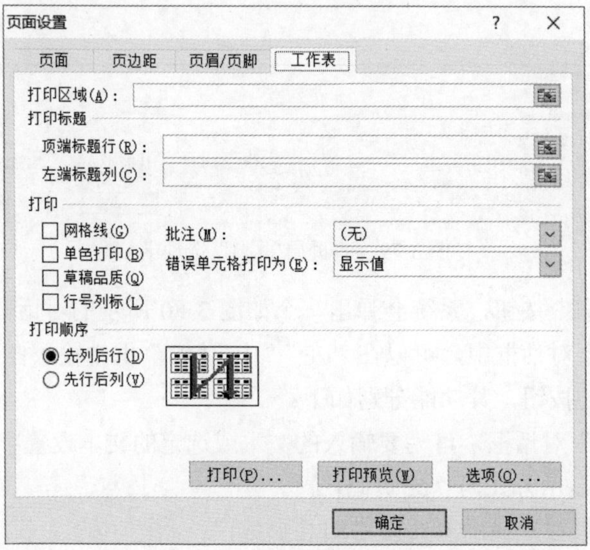

图 3-81 “工作表”选项卡

3.9.2 分页设置

当一个工作表内容较大时，系统会根据所选的打印纸张自动分页，但有时为了调整表格内容，需采用人工分页的方法。

1. 插入人工分页符

对工作表进行人工分页，一般是在工作表中插入分页符，插入的分页符包括垂直的人工分页符和水平的人工分页符。

【操作实例 3-46】在“学生成绩统计表”工作簿的“软件 1 班”工作表中插入分页符。

选定要开始新页的单元格，然后单击“页面布局”选项卡“页面设置”组中的“分隔符”按钮，在弹出的下拉列表中执行“插入分页符”命令，以进行人工分页，如图 3-82 所示。

	A	B	C	D	E	F	G	H
1	学生成绩统计表							
2	学号	姓名	性别	高等数学	C语言	实用英语	总分	排名
3	1	王鑫	男	95	74	84	253.0	3
4	2	刘瑞意	男	78	98	78	254.0	2
5	3	周雪冰	男	85	73	60	218.0	6
6	4	杨涛	男	86	65	61	212.0	8
7	5	张晓帆	男	50	87	78	215.0	7
8	6	朱宏进	女	65	48	97	210.0	10

图 3-82 插入分页符

2．删除人工分页符

选定人工分页符下面第一行单元格（垂直分页符）或右边的第一列单元格（水平分页符），单击"页面布局"选项卡"页面设置"组中的"分隔符"按钮，在弹出的下拉列表中执行"删除分页符"命令，就可删除这个人工分页符。

如果要删除全部人工分页符，应选中整个工作表，单击"页面布局"选项卡"页面设置"组中的"分隔符"按钮，在弹出的下拉列表中执行"重设所有分页符"命令。

3.9.3　打印预览和打印

1．打印预览

在完成页面设置和打印机设置后，可以用打印预览来模拟打印结果，观察各种设置是否得当，若有误则再修改，最后进行打印。

单击"页面设置"对话框"工作表"选项卡的"打印预览"按钮，或直接单击"文件"选项卡中的"打印"按钮，在页面右侧出现打印预览的结果。

2．打印

在安装和设置好打印机之后，先完成"页面设置"并进行"打印预览"，然后就可以开始打印了。

执行"文件"选项卡的"打印"命令，或单击"页面设置"对话框"工作表"选项卡的"打印"按钮，即可进行打印。

本 章 小 结

本章介绍 Excel 2010 的基本操作，包括数据输入、单元格的编辑等。函数和公式是 Excel 2010 的核心，如何使用公式与函数是本章重点介绍的内容。Excel 2010 具有强大的工作表管理功能，能够根据用户的需要方便地添加、删除和重命名工作表。本章还介绍了工作表格式设置的操作方法，工作表中数据的排序、筛选和分类汇总等操作方法，图表的创建和编辑以及工作表的打印设置方法等。

习 题 3

一、选择题

1. Excel 2010 工作表编辑栏中的名称栏显示的是（　　）。
　　A．当前单元格的内容　　　　　　　　B．单元格区域的地址名称
　　C．单元格区域的内容　　　　　　　　D．当前单元格的地址名称
2. Excel 2010 文件的扩展名是（　　）。
　　A．".txt"　　　　　　B．".xlsx"　　　　　　C．".doc"　　　　　　D．".wps"

3．在 Excel 2010 中，公式必须以（　　）开头。

    A．文字   B．字母   C．=   D．数字

4．在 Excel 2010 数据列表的降序排列中，若要排序的一列中有空白单元则会（　　）。

    A．放置在排序的数据清单最前   B．放置在排序的数据清单最后

    C．不排序   D．保持原始次序

5．一个新建的工作簿默认包含（　　）个工作表。

    A．多个   B．3   C．2   D．16

6．在 Excel 2010 中，函数 SUM(TRUE,2,1) 返回的结果是（　　）。

    A．1   B．2   C．3   D．4

7．在工作表中，如果在某一单元格中输入内容 3/5，Excel 2010 认为是（　　）。

    A．文字型   B．日期型   C．数值型   D．逻辑型

8．Excel 2010 中，图表是数据的一种视觉表示形式，图表是动态的，改变了图表中（　　）后，Excel 2010 会自动更改图表。

    A．X 轴的数据   B．Y 轴的数据

    C．相依赖的工作表的数据   D．标题

二、判断题

1．Excel 2010 工作表行号和列标的交叉处框的作用是选中整个工作表。（　　）

2．Excel 2010 中，一个工作簿可以只包含一个工作表。（　　）

3．在公式"=F\$2+E6"中，F\$2 是绝对引用，而 E6 是相对引用。（　　）

4．Excel 2010 中，每一个工作簿中最多可以有 18 张工作表。（　　）

5．Excel 2010 中，表格的边框可以是双线。（　　）

6．Excel 2010 中，利用<Tab>键能结束单元格数据的输入。（　　）

7．Excel 2010 中，SUM 函数只能对列信息实现求和。（　　）

8．在 Excel 2010 中排序时，无论是递增还是递减排序，空白单元格总是排在最后。

    （　　）

三、操作题

1．制作如下图所示的成绩单，利用函数求总分及平均分，平均分保留一位小数。

成绩单

学号	姓名	数学	语文	英语	计算机	总分	平均分
200107201	何子剑	92	83	95	73		
200107202	黄涛	68	87	78	76		
200107203	贾泽明	74	70	87	82		
200107204	姜家兴	82	85	72	95		
200107205	康伟新	65	74	78	82		
200107206	李明	86	73	92	73		
200107207	李忠武	78	87	82	93		

2．对下图所示的数据清单以"商品"作为分类字段，将"一月""二月""三月"字段值进行汇总求和。

商场	商品	一月	二月	三月
通达电器	空调	108	120	160
风林商场	冰箱	210	175	215
北仑电器	空调	84	130	95
通达电器	电视	110	145	132
风林商场	空调	165	132	158
北仑电器	电视	234	195	182
通达电器	冰箱	95	108	104
风林商场	电视	85	96	90
北仑电器	冰箱	118	124	120

3．对下图所示的成绩单进行排序，排序时以"平均分"为主要关键字、降序，以"学号"为次要关键字、升序。

成绩单

学号	姓名	数学	语文	英语	计算机	总分	平均分
200107201	何子剑	92	83	95	73	343	85.8
200107202	黄涛	68	87	78	76	309	77.3
200107203	贾泽明	74	70	87	82	313	78.3
200107204	姜家兴	82	85	72	95	334	83.5
200107205	康伟新	65	74	78	82	299	74.8
200107206	李明	86	73	92	73	324	81.0
200107207	李忠武	78	87	82	93	340	85.0

4．将上图所示的数据清单制成图表，效果如下图所示。

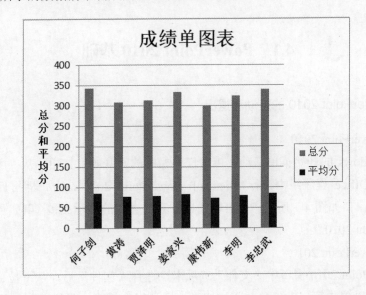

第 4 章　中文 PowerPoint 2010 应用基础

PowerPoint 2010 是 Microsoft 公司推出的 Office 2010 的重要组件之一。PowerPoint 2010 是用于制作、维护和播放幻灯片的应用软件，在幻灯片中可插入和编辑文本、表格、组织结构图、剪贴画、图片、艺术字和公式对象等，也可以插入声音或视频剪辑来加强演示效果。

本章要点

- 演示文稿创建的操作
- 幻灯片插入及编辑的操作
- 幻灯片格式化的操作
- 幻灯片动画设置的操作
- 幻灯片放映效果的操作
- 幻灯片打印输出的操作

4.1　PowerPoint 2010 基础

4.1.1　PowerPoint 2010 的启动和退出

1．启动 PowerPoint 2010

可以从 Windows 的开始菜单启动：单击任务栏中的"开始"按钮，从"所有程序"命令中的 Microsoft Office 程序组中执行 Microsoft PowerPoint 2010 命令，即可启动 PowerPoint 2010。启动后的窗口如图 4-1 所示。也可以通过打开已存在的演示文稿（其扩展名为".pptx"）来启动 PowerPoint 2010。

2．退出 PowerPoint 2010

选择 PowerPoint 2010 窗口中"文件"选项卡，选择"文件"后，从下拉菜单中执行"退出"命令。也可以单击窗口右上角关闭按钮❌。还可以在键盘上按<Alt+F4>组合键。另外，双击窗口左上角的控制菜单图标按钮也可以退出 PowerPoint 2010。

图 4-1　PowerPoint 2010 启动窗口

4.1.2　PowerPoint 2010 的工作界面

PowerPoint 2010 的窗口主要包括标题栏、快速访问工具栏、功能选项卡、功能区、幻灯片/大纲浏览窗格、幻灯片窗格、备注窗格、视图按钮、显示比例按钮以及状态栏等部分。

PowerPoint 2010 的窗口组成如图 4-2 所示。

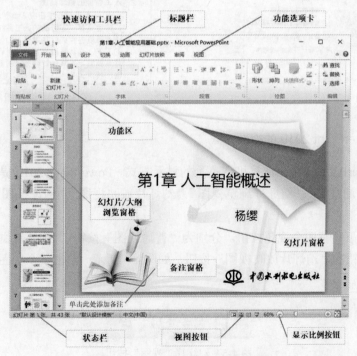

图 4-2　PowerPoint 2010 的窗口组成

4.1.3 演示文稿编辑区

演示文稿编辑区位于功能区下方，由三部分组成：左侧的幻灯片/大纲浏览窗格、右侧的幻灯片窗格和右下方的备注窗格，拖动窗格之间的分隔条可以调整各窗口的大小。幻灯片窗格用来编辑幻灯片，备注窗格可以为幻灯片添加相关的注释。

在 PowerPoint 2010 窗口左侧的幻灯片/大纲浏览窗格上方有两个选项卡，选择"幻灯片"选项卡时，在列表区列出当前演示文稿的所有幻灯片缩略图，如图 4-3 所示。单击某张幻灯片，在幻灯片编辑区中将放大显示，并可对其进行编辑处理，从而呈现演示文稿的总体效果。

选择"大纲"选项卡时，该窗格列出当前演示文稿的文本大纲，如图 4-4 所示。在"大纲"选项卡中编辑文本有助于快速编辑演示文稿的内容，还可以通过增加或减少文本的缩进来调整文档的标题级别。

图 4-3　幻灯片列表

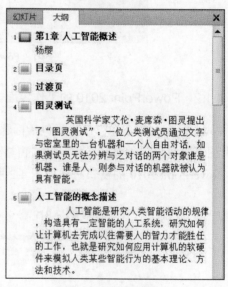

图 4-4　大纲编辑区

4.1.4 PowerPoint 2010 的视图方式

视图是 PowerPoint 文档在计算机屏幕上的显示方式。PowerPoint 2010 提供了六种视图模式，分别为"普通视图""幻灯片浏览视图""幻灯片放映视图""阅读视图""备注页视图""母版视图"。

在窗口的右下角有四个视图按钮，分别为"普通视图"按钮、"幻灯片浏览视图"按钮、"阅读视图"按钮和"幻灯片放映视图"按钮，如图 4-5 所示。单击某个视图按钮，将切换到相应的视图方式。

图 4-5　幻灯片"视图"按钮

1. 普通视图

"普通视图"包含 3 个窗格：左边窗格显示幻灯片的列表，右边窗格的上半部分显示当前幻灯片，下半部分显示幻灯片的备注。这些窗格使用户可以在同一位置使用演示文稿的各种功能，拖动窗格边框可以调整不同的窗格大小，如图 4-6 所示。

图 4-6　普通视图

2. 幻灯片浏览视图

单击"幻灯片浏览视图"按钮，切换到浏览视图方式，如图 4-7 所示。演示文稿中所有幻灯片以缩略图的形式依次排列在屏幕上，用户可以通过窗口右下角"视图"按钮右侧的"显示比例"按钮来改变幻灯片的大小以及每行显示的幻灯片数目。用户可以用鼠标方便地调整幻灯片的次序，对幻灯片进行插入、移动、复制、删除等操作，但在幻灯片浏览视图时不能编辑幻灯片中的具体内容。

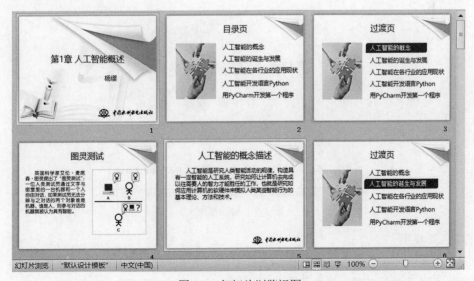

图 4-7　幻灯片浏览视图

3. 幻灯片放映视图

通过幻灯片放映视图，可以预览演示文稿的工作状况，从中体验到演示文稿中的动画和声音效果，还能观察到切换的效果。单击"幻灯片放映视图"按钮，幻灯片将从当前幻灯片开始按设计顺序放映，如图 4-8 所示。在幻灯片放映视图中，单击鼠标或按回车键显示下一张，放映完所有的幻灯片后返回到之前的视图。在任何时候可以通过按<Esc>键退出幻灯片放映视图并返回到之前的视图。

图 4-8　幻灯片放映视图

4. 阅读视图

阅读视图用于在 PowerPoint 窗口中播放幻灯片以查看动画和切换效果，无须切换到全屏幻灯片放映。它的功能本质是幻灯片放映，但和幻灯片放映的最大区别在于不需要全屏。在此视图下，它只会占满 PowerPoint 窗口，而不会侵占屏幕的其他位置，如图 4-9 所示，而幻灯片放映则必须占满全屏。由于阅读视图下幻灯片的放映不会挡住其他窗口，因此阅读视图特别适用于要查看桌面上打开的多个窗口内容时浏览幻灯片。

图 4-9　阅读视图

5. 备注页视图

备注页为演示文稿提供备注，每个备注页中都显示了小尺寸的幻灯片及其备注。单击"视图"选项卡"演示文稿视图"组的"备注页视图"按钮，出现如图 4-10 所示的界面，此时可以在备注页中输入内容。备注是演示者对每一张幻灯片的注释或提示，制作演示文稿的时候，可以使用这些备注，但它不会在演示文稿放映时出现在幻灯片上。

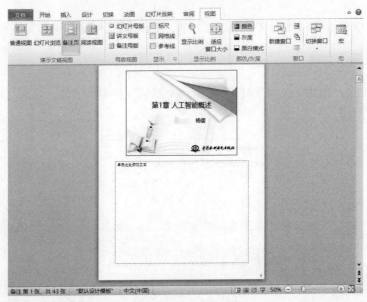

图 4-10　备注页视图

6. 母版视图

　　母版视图包括幻灯片母版视图、讲义母版视图和备注母版视图。它们是存储有关演示文稿的信息的主要幻灯片，包括背景、颜色、字体、效果、占位符的大小和位置。使用母版视图的优点在于，在幻灯片母版、备注母版或讲义母版上，可以对与演示文稿相关的每个幻灯片、备注页或讲义的样式进行全局更改，如图 4-11 所示。

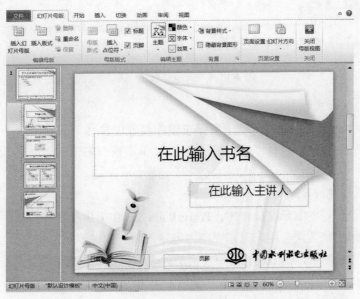

图 4-11　母版视图

4.2 创建和编辑演示文稿

演示文稿可以通过空白演示文稿，或者根据主题、模板和现有演示文稿来创建。

4.2.1 创建演示文稿

启动 PowerPoint 2010 后，系统自动新建一个默认文件名为"演示文稿1"的空白演示文稿，如图 4-12 所示。

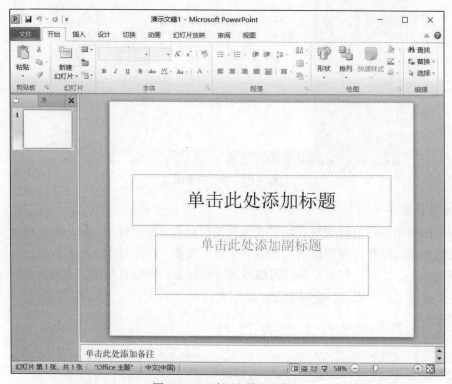

图 4-12　"演示文稿1"窗口

1. 创建空白演示文稿

选择"文件"选项卡，在打开的下窗口左侧的列表中执行"新建"命令，在窗口的"可用的模板和主题"列表中，选择"空白演示文稿"，单击窗口右侧的"创建"按钮，如图 4-13 所示。

2. 使用模板创建演示文稿

模板是预先设计好的演示文稿样本，PowerPoint 2010 提供了各种模板。因为模板已经提供了设置好的演示文稿效果，用户只需要将内容输入即可创建演示文稿。

选择"文件"选项卡，在出现的窗口左侧的列表中执行"新建"命令，在窗口中部的"可用的模板和主题"项中选择"样本模板"，在弹出的模板列表中选择一个模板，单击右侧的"创建"按钮，如图 4-14 所示。

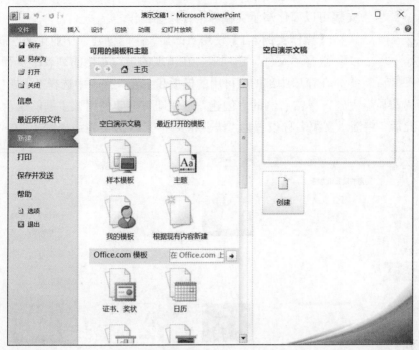

图 4-13　创建空白演示文稿

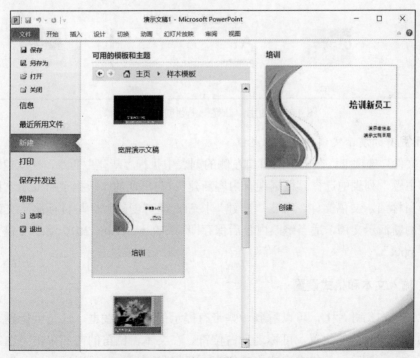

图 4-14　使用"培训"模板创建演示文稿

3．使用主题创建演示文稿

主题规定了演示文稿的母版、配色、文字格式和效果等。使用预先设置的主题创建演示

操作实例 4-1 视频演示

文稿可以简化演示文稿风格设计等工作。

【操作实例 4-1】使用"凸显"主题创建"毕业论文"演示文稿。

选择"文件"选项卡，在出现的窗口左侧的列表中执行"新建"命令，在窗口中部的"可用的模板和主题"列表中选择"主题"，在弹出的列表中选择"凸显"主题，单击右侧的"创建"按钮即可创建使用该主题的演示文稿，如图 4-15 所示。此后，将演示文稿名称设置为"毕业论文"，所在的文件路径设为"C:\实训文档"。

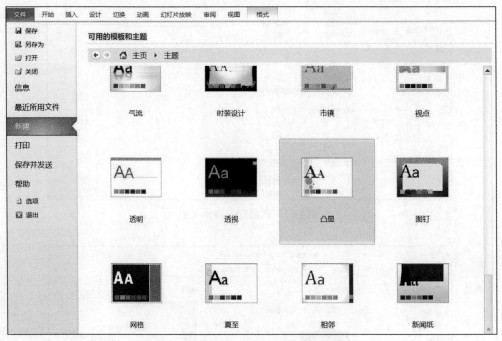

图 4-15　使用"凸显"主题创建演示文稿

4. 使用现有的演示文稿创建演示文稿

选择"文件"选项卡，在出现的窗口左侧的列表中执行"新建"命令，在窗口中部的"可用的模板和主题"列表中选择"根据现有内容新建"。在出现的"根据现有演示文稿新建"对话框中选择目标演示文稿文件，单击"新建"按钮，即可创建一个与目标演示文稿样式和内容完全一致的新演示文稿，适当修改内容后保存即可。PowerPoint 2010 演示文稿文件保存类型默认为".pptx"。

4.2.2　输入文本和格式设置

在新建的空白幻灯片上，可以看到一些带有提示信息的虚线框，这是为标题、文本、图表、剪贴画等内容预留的位置，可称之为占位符。在文本占位符的内部单击将选定的文本块激活，即可输入、删除、编辑文本或将其变为项目编号列表，可以通过"插入"选项卡"文本"组的"文本框"按钮，添加新的文本框进而添加文字。

在幻灯片中不仅可以输入和编辑文字，而且可以插入和编辑表格、图表、图片、组织结构图、文本框、影片和声音等对象。

1. 输入和编辑文本

【操作实例4-2】向"毕业论文"演示文稿输入图4-16所示的文字。

操作实例4-2视频演示

在输入区域单击鼠标,将出现一个文本框并且光标的插入点将定位于该文本框中,如图4-17所示。把该文本框原有的文字选中或删除后,直接输入"物流管理系统的设计与实现"的内容,该内容将替换原来的缺省内容。在副标题中输入:

学生姓名:张文斌

指导教师:李佳

天津职业大学电子信息工程学院

当文本输入完毕时,用鼠标单击文本框外的任意地方,文本框即可关闭,页面如图4-16所示。如果对文本框的大小或位置不满意,随时可以用鼠标拖动改变文本框的大小或位置,方法同Word中改变文本框的大小和位置一样。如果对输入的文字内容不满意,可以对文字进行删改、复制、移动等操作。如果对输入的文字格式不满意,选定文字后可以利用"开始"选项卡的"字体"组中相关命令进行设置。

图4-16 毕业论文幻灯片(一)

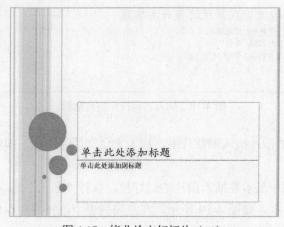

图4-17 毕业论文幻灯片(二)

2. 输入备注和批注

（1）输入备注。备注窗格在编辑窗口的右下部。单击备注窗格，出现闪烁的光标，可以输入备注信息。备注信息出现在单独的备注页上，演示文稿的每张幻灯片都有一张相应的备注页。

（2）插入批注。执行"审阅"选项卡"批注"组中的"新建批注"命令，在幻灯片窗格中出现批注文本框，可以在批注文本框内输入自己的内容。可以移动批注的位置。双击批注后出现输入文本框，单击则出现批注内容。PowerPoint 2010 默认的批注为系统安装时的用户名。

4.2.3 插入对象

1. 插入图片

（1）将剪贴画插入到幻灯片中。

操作实例 4-3 视频演示

【操作实例 4-3】为"毕业论文"演示文稿插入一张剪贴画，如图 4-18 所示。

在普通视图中显示要插入剪贴画的幻灯片。执行"插入"选项卡"图像"组的"剪贴画"命令，右侧弹出"剪贴画"任务窗格。在任务窗格上的"搜索文字"文本框中输入剪贴画的关键字如"植物""动物"等，在本例中输入"科技"。单击"搜索"按钮，在"结果"下拉列表框中将显示包含关键字的剪贴画。单击选定要插入的剪贴画，将剪贴画插入幻灯片中。

图 4-18　插入"科技"类剪贴画

（2）将来自文件的图片插入幻灯片中。插入来自文件的图片，即将已有的图像文件插入幻灯片中。

在幻灯片普通视图中显示要插入图片的幻灯片，执行"插入"选项卡中的"图片"命令，打开"插入图片"对话框，如图 4-19 所示。在左侧列表中选择图片存放的位置，在右侧选择该文件夹中需要的图片。单击"打开"按钮，将图片插入幻灯片中。

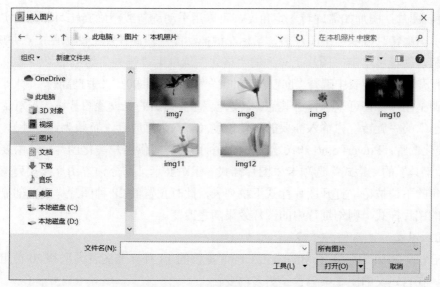

图 4-19　"插入图片"对话框

（3）插入幻灯片中的图片的调整。对插入幻灯片中的图片可以进行大小、位置、旋转、美化等调整。

1）调整图片大小：选中图片后，用鼠标左键拖动图片四周的控点即可。

2）改变图片位置：选中图片后，鼠标指向图片中，此时鼠标指针变为上下左右四个方向的箭头，按下鼠标左键拖动图片到目的位置即可。

如需精确调整图片的位置和大小，可以通过"图片工具"的"格式"选项卡"大小"组中右下角的小按钮，打开"设置图片格式"对话框，如图 4-20 所示。在该对话框中，可以精确调整图片位置和大小。

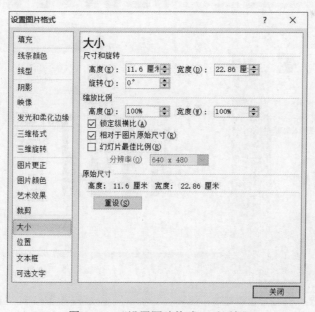

图 4-20　"设置图片格式"对话框

3）旋转图片：图片如需旋转一定角度，可以用手动旋转或精确旋转两种方法实现。

● 手动旋转时可以选中图片后，鼠标左键拖动图片四周控点上的绿色控点并旋转拖动。

● 精确旋转可单击"图片工具"的"格式"选项卡"排列"组中的"旋转"按钮，在打开的下拉列表中选择"向左旋转 90°""向右旋转 90°""垂直翻转""水平翻转"来调整图片。也可以选择"其他旋转选项"，在弹出的"设置图片格式"对话框中"大小"的"旋转"栏输入需要的旋转角度（正数为顺时针，负数为逆时针）。

4）美化图片：PowerPoint 2010 预置了 28 种图片样式供用户美化图片。选中要美化的图片，"图片工具"的"格式"选项卡"图片样式"组中显示了部分预置图片样式列表，单击此列表右下角的下拉按钮，打开图片样式下拉列表，此时预置的 28 种图片样式全部显示出来。选中需要的图片样式，则幻灯片中的图片效果随之改变。

2．插入图表

PowerPoint 2010 中包含了 Microsoft Graph 提供的 14 种标准图表类型和 20 种用户自定义图表类型，在自定义的图表中包含了更多的变化。

操作实例 4-4 视频演示

【操作实例 4-4】向"毕业论文"演示文稿插入如图 4-21 所示的图表。

打开演示文稿"毕业论文"，新建一张"空白"版式幻灯片，执行"插入"选项卡"插图"组中的"图表"命令，打开"插入图表"对话框，如图 4-22 所示。选择需要的图表类型后单击"确定"按钮。此时屏幕出现左右两个窗口，左侧窗口为 PowerPoint 2010 窗口，右侧为生成图表的 Excel 窗口，如图 4-23 所示。在右侧 Excel 窗口中编辑图标的数据源，选定数据源，关闭 Excel 窗口，即可把图表插入幻灯片。

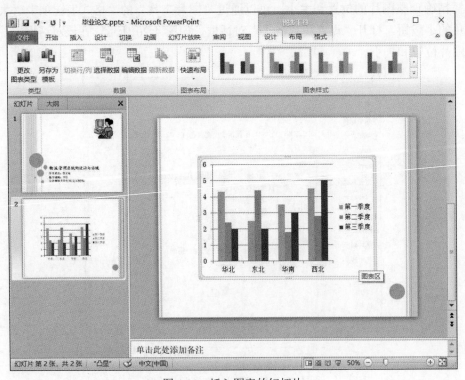

图 4-21　插入图表的幻灯片

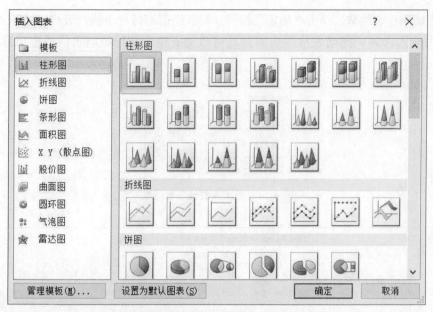

图 4-22　"插入图表"对话框

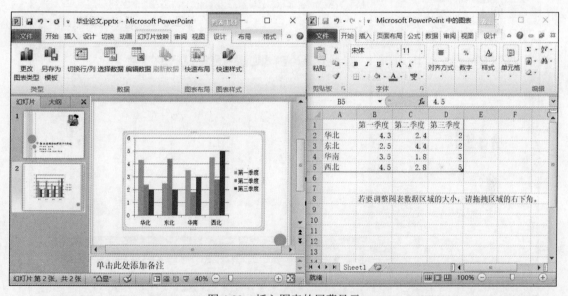

图 4-23　插入图表的屏幕显示

　　用户可以对该图表进行编辑，利用鼠标拖动的方法可改变图表的大小或移动图表的位置。大小和位置均调整好后，用鼠标左键单击图表框以外的区域，则图表框消失，出现调整后的新幻灯片。

　　3．插入表格

　　PowerPoint 2010 有表格制作功能，不必依靠 Word 2010 制作表格，而且其方法与 Word 2010 表格的制作方法是一样的。方法为单击"插入"选项卡"表格"组中的"表格"按钮，在弹出的下拉列表中执行"插入表格"命令，弹出"插入表格"对话框，如图 4-24 所示。在对话框中输入表格的行、列数，单击"确定"按钮，即在当前幻灯片中插入表格，如图 4-25 所示。
在表格中可输入内容。拖动表格四周的控点可改变表格大小，拖动表格边框可移动表格的
位置。

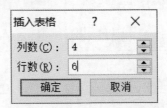

图 4-24　"插入表格"对话框

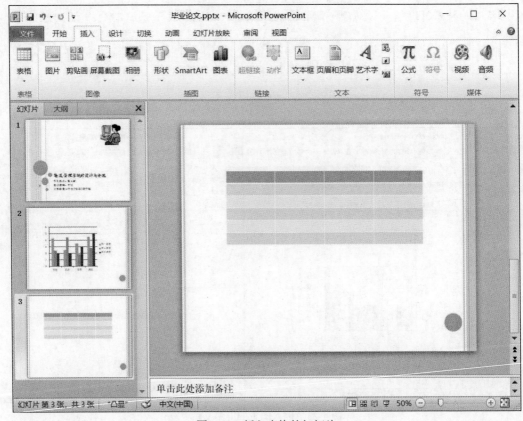

图 4-25　插入表格的幻灯片

4. 插入图形

在幻灯片中可插入自己绘制的图形，方法为：首先在幻灯片普通视图中打开要插入图形
的幻灯片，然后单击"插入"选项卡"插图"组中的"形状"按钮，在打开的列表（图 4-26）
中选中所需图形，在幻灯片上绘图即可；或者单击"开始"选项卡"绘图"组中的"形状"
列表的小按钮，在出现的列表中选择所需图形，在幻灯片上绘图。

【操作实例 4-5】在"毕业论文"演示文稿的第二张幻灯片中插入一个圆角矩形标注，实
现效果如图 4-27 所示。

图 4-26 自选图形列表

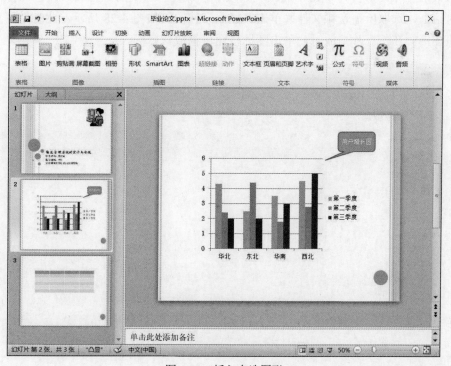

图 4-27 插入自选图形

单击"插入"选项卡"插图"组中的"形状"按钮，在打开的列表（图 4-26）中选择"标注"下的"圆角矩形标注"，或者单击"开始"选项卡的"绘图"组中的"形状"列表的小按钮，在出现的列表中选择"圆角矩形标注"。当鼠标指针变成"十"字形后，在幻灯片上拖动鼠标使之出现一个方框，松开鼠标后在幻灯片上即出现指定的图形。选中该图形后输入"用户增长图"即可。

5. 插入艺术字

首先选中要插入艺术字的幻灯片，单击"插入"选项卡"文本"组中的"艺术字"按钮，在出现的艺术字样式列表中选择一种艺术字样式，此时幻灯片中出现艺术字编辑框，输入艺术字内容即可。

对已创建好的艺术字，还可进行进一步的修饰。选择艺术字，单击"绘图工具"的"格式"选项卡"艺术字样式"组中的"文本填充"按钮，在出现的下拉列表中选择所需颜色，则在艺术字的内部填充该颜色。

也可以用渐变、图片、纹理填充艺术字；还可以通过"绘图工具"的"格式"选项卡"艺术字样式"组中的"文本轮廓"按钮的下拉列表来调整艺术字轮廓线的颜色，通过该列表的"粗细"命令调整艺术字轮廓线的粗细。

还可以通过"绘图工具"的"格式"选项卡"艺术字样式"组中的"文本效果"按钮的下拉列表中的各种效果来设置艺术字效果。

6. 插入音频

【操作实例 4-6】将上例"毕业论文"演示文稿中的最后一张幻灯片添加一首歌曲。

选取最后一张幻灯片，单击"插入"选项卡"媒体"组中的"音频"按钮，打开"插入音频"对话框，选取所需音频文件并单击"插入"按钮，如图 4-28 所示，此时幻灯片中出现播放按钮图标。在幻灯片播放时，单击图标按钮可播放该音频。

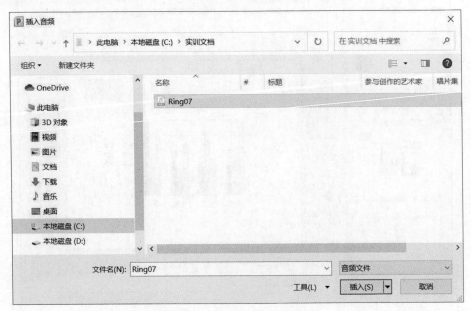

图 4-28　"插入音频"对话框

7．插入视频

（1）插入剪贴画视频。选取要插入视频的幻灯片，单击"插入"选项卡"媒体"组中的"视频"按钮下的下拉按钮，打开下拉列表框，执行"剪贴画视频…"命令，在随后出现的任务窗格中选取所需剪贴画视频。

（2）插入文件中的视频。选取要插入视频的幻灯片，单击"插入"选项卡"媒体"组中的"视频"按钮下的下拉按钮，打开下拉列表框，执行"文件中的视频…"命令，打开"插入视频文件"对话框，选取所需视频文件并单击"插入"按钮。

4.2.4 处理幻灯片

1．改变幻灯片的顺序

要改变幻灯片的顺序，可以切换到"幻灯片浏览"视图，将选定幻灯片拖动到新的位置。也可以在"幻灯片/大纲浏览"窗格中，将选定幻灯片的图标拖到新的位置。

2．删除幻灯片

切换到"幻灯片浏览"视图，选定要删除的幻灯片，右击该幻灯片，在出现的快捷菜单中执行"删除幻灯片"命令，或者直接按<Delete>键。也可以在"幻灯片/大纲浏览"窗格中将选定幻灯片删除。

3．复制幻灯片

右击"幻灯片/大纲浏览"窗格中的目标幻灯片，在弹出的快捷菜单中执行"复制幻灯片"命令，即可复制幻灯片。

4．插入幻灯片

（1）插入新幻灯片。在"幻灯片/大纲浏览"窗格选择目标幻灯片（新幻灯片将插入该幻灯片之后）。单击"开始"选项卡"幻灯片"组中的"新建幻灯片"下拉按钮，在弹出的幻灯片版式列表中选择所需版式即可。

也可以右击"幻灯片/大纲浏览"窗格中的目标幻灯片，在弹出的快捷菜单中执行"新建幻灯片"命令。

（2）插入当前幻灯片副本。在"幻灯片/大纲浏览"窗格选择目标幻灯片（复制的幻灯片将插入该幻灯片之后），单击"开始"选项卡"幻灯片"组中的"新建幻灯片"下拉按钮，在出现的列表中执行"复制所选幻灯片"命令即可。

4.3 幻灯片效果处理

4.3.1 设置幻灯片的背景

用户可以通过对幻灯片背景颜色、填充效果进行更改，使幻灯片的背景获得不同的效果。此外，用户还可以使用自制的图片作为幻灯片背景。

PowerPoint 2010 的每个主题提供了 12 种背景样式，用户既可以改变所有幻灯片背景，也可改变某一张幻灯片的背景。

在幻灯片普通视图下，执行"设计"选项卡"背景"组中的"背景样式"命令，显示当前主题的 12 种背景样式列表，如图 4-29 所示。在该列表中选择一种所需的背景样式，此时演示文稿中的所有幻灯片均变为所选背景样式。若只应用于部分幻灯片，则先选中这些幻灯片，右击列表中选中的背景样式，在快捷菜单中执行"应用于所选幻灯片"命令。

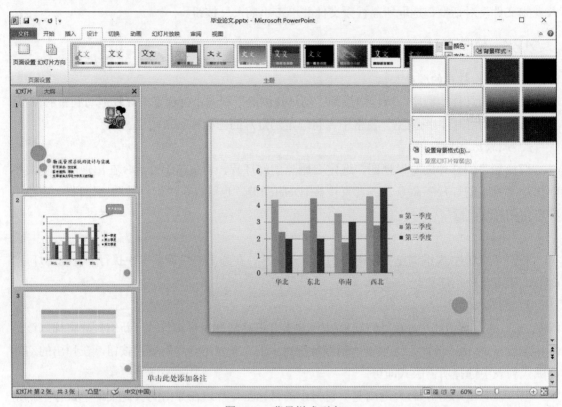

图 4-29　背景样式列表

还可以通过执行"设计"选项卡"背景"组中的"背景样式"命令，在出现的菜单中执行"设置背景格式"命令，在"设置背景格式"对话框中进行自定义背景格式的设定。

4.3.2　幻灯片版式

幻灯片版式包含在幻灯片上显示内容的格式设置、位置和占位符。占位符是版式中的容器，可容纳文本（包括正文文本、项目符号列表和标题）、表格、图表、SmartArt 图形、影片、声音、图片及剪贴画等内容。PowerPoint 2010 中包含 11 种内置幻灯片版式，也可以创建满足特定需求的自定义版式。

单击"开始"选项卡"幻灯片"组中的"版式"按钮，在打开的列表（图 4-30）中选择所需的幻灯片版式，该版式即应用到当前幻灯片中。

图 4-30　幻灯片版式列表

4.4　幻灯片设置

4.4.1　设置幻灯片切换效果

当向一张幻灯片添加切换效果时，在移走放映的幻灯片并显示新幻灯片时将出现切换效果。

【操作实例 4-7】为"毕业论文"演示文稿设置幻灯片切换效果。

选择要设置切换效果的幻灯片，在"切换"选项卡的"切换到此幻灯片"组中单击"切换效果"右下角的小按钮，弹出切换效果列表（图 4-31），选择所需的切换效果。若所有幻灯片均使用这种切换效果，单击"计时"组中的"全部应用"即可。

操作实例 4-7 视频演示

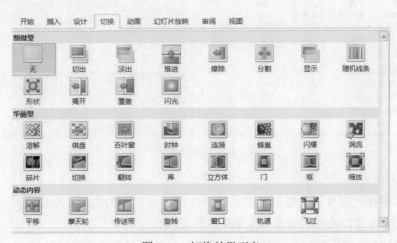

图 4-31　切换效果列表

4.4.2 设置动画效果

用户可以为幻灯片上的文本、图片、表格、图表等设置动画效果，将对象逐个引入幻灯片，这样可以突出重点，控制信息流程，提高演示的趣味性。

动画包括四类：进入、强调、退出和动作路径。

操作实例 4-8 视频演示

1. 预设动画

【操作实例 4-8】为"毕业论文"演示文稿第一张幻灯片中的"物流管理系统的设计与实现"进行预设动画"弹跳"效果。

在普通视图中，显示"毕业论文"演示文稿中的第一张幻灯片。单击"物流管理系统的设计与实现"文字，然后单击"动画"选项卡"动画"组的右下角小按钮，打开动画效果列表（图 4-32），从列表中选择"弹跳"动画效果即可。

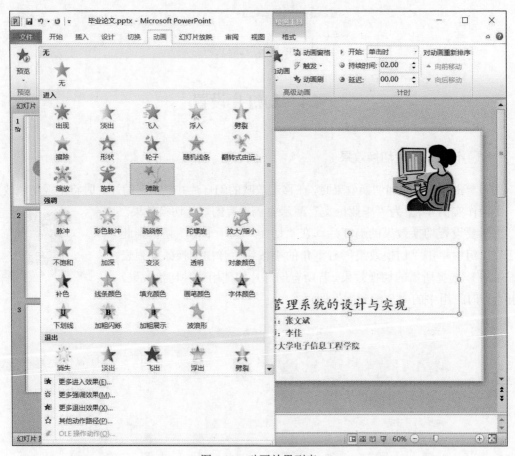

图 4-32　动画效果列表

2. 自定义动画

当幻灯片中插入图片、表格、艺术字等难以区分层次的对象时，可以通过"高级动画"组中的按钮来定义幻灯片中各对象的显示顺序和动画效果。

在普通视图中，显示要设计动画内容的幻灯片，选取要设计动画的对象，如图 4-33 所示。

图 4-33　选取设计动画的对象

　　单击"动画"选项卡"高级动画"组中的"动画窗格"按钮，打开"动画窗格"。单击"高级动画"组中的"添加动画"按钮，在打开的动画效果列表中，选择要给选中对象添加的动画效果。此时"动画窗格"中会出现该对象并按照应用顺序从上到下排列编号，在幻灯片中设置动画效果的项目上也会出现与列表中对应的序号标记，如图 4-34 所示。

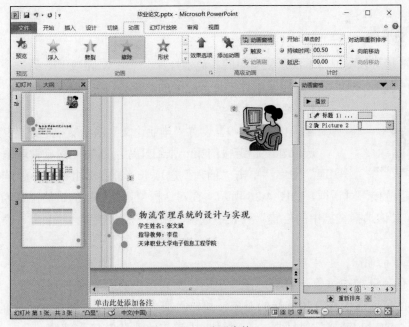

图 4-34　"动画窗格"

可以通过鼠标拖动"动画窗格"中的对象次序来改变动画对象的播放顺序。

还可以通过单击"动画窗格"中的对象右侧的下拉按钮，打开下拉列表，在该列表中选择播放方式，如"单击开始"播放、"计时"播放等。

要在演示动画的同时播放声音以及改变文本动画中应用动画效果单位，如每次飞入一个字并出现打字机的声音，可单击选中对象在"动画窗格"下拉列表中的"效果"选项，在打开的对话框中进行相关设置，如图 4-35 所示。

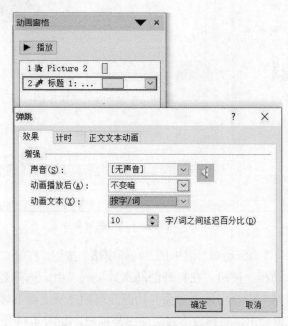

图 4-35　"效果"选项打开的对话框

4.4.3　超链接

利用超链接可以实现与本演示文稿中的其他幻灯片、一个 Word 文档、另一个演示文稿或 Internet 的一个 URL 地址、一个电子邮件地址等之间的跳转。

操作实例 4-9 视频演示

1. 超链接的建立

【操作实例 4-9】设置"毕业论文"演示文稿的超链接。

选取建立超链接的第一张幻灯片，选中"物流管理系统的设计与实现"文字；单击"插入"选项卡"链接"组中的"超链接"按钮，出现"插入超链接"对话框，如图 4-36 所示。在对话框中指定链接的目的位置为"本文档中的位置"，在"请选择文档中的位置"列表中选择"最后一张幻灯片"，单击"确定"按钮完成操作。

2. 超链接的删除

选中具有超链接的对象，右击，在弹出的快捷菜单中执行"取消超链接"命令即可删除超链接。也可以选中具有超链接的对象，单击"插入"选项卡"链接"组中的"超链接"按钮，出现"编辑超链接"对话框，在对话框中单击"删除链接"按钮。

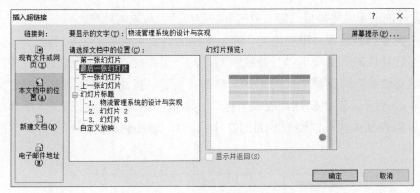

图 4-36　"插入超链接"对话框

4.4.4　动作按钮

PowerPoint 2010 提供了一组动作按钮，包含了常见的形状，可以将动作按钮添加到演示文稿中。这些按钮都是预定义好的，如"开始""结束""下一张"等。

【操作实例 4-10】为"毕业论文"演示文稿设置动作按钮。

选中"毕业论文"演示文稿的第二张幻灯片，单击"插入"选项卡"插图"组中的"形状"按钮，在打开的列表最下方的"动作按钮"组

操作实例 4-10 视频演示

选择所需的按钮图形（图 4-37），它包括 12 种已经定义好的按钮。单击"前进或下一项"按钮，鼠标指针变成"十"字形。在幻灯片的选定位置上单击鼠标，所选的动作按钮将出现在指定位置，同时弹出"动作设置"对话框，如图 4-38 所示。在"动作设置"对话框中预设了按钮的链接方式，如不需要改变，单击"确定"按钮即可。

图 4-37　"动作按钮"列表

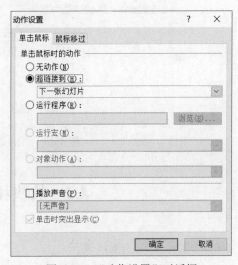

图 4-38　"动作设置"对话框

4.4.5　创建自定义放映

自定义放映功能是建立一个临时放映组合，即将不同的幻灯片组合起来并加以命名，也就

是根据已经做好的演示文稿，自己定义放映哪些幻灯片及放映的顺序。

【操作实例 4-11】设置"毕业论文"演示文稿的自定义放映。

单击"幻灯片放映"选项卡"开始放映幻灯片"组中的"自定义放映幻灯片"按钮，在出现的"自定义放映"对话框中（图 4-39）单击"新建"按钮，出现"定义自定义放映"对话框，如图 4-40 所示。在"幻灯片放映名称"文本框中输入"毕业论文"，从"在演示文稿中的幻灯片"列表框中选取需要放映的幻灯片 2、3，添加到右侧的列表中，单击"确定"按钮。

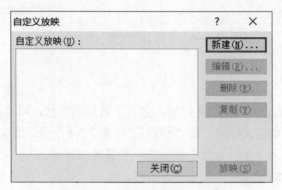

图 4-39　"自定义放映"对话框

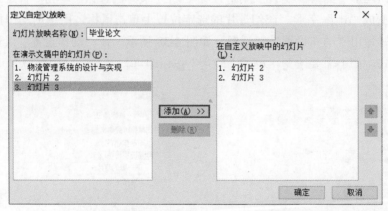

图 4-40　"定义自定义放映"对话框

4.5　放映和打印演示文稿

4.5.1　演示文稿的播放演示

1. 设置放映方式

在幻灯片放映前可以通过"设置放映方式"满足文稿演示者的不同要求。

单击"幻灯片放映"选项卡"设置"组中的"设置幻灯片放映"按钮，弹出如图 4-41 所示的"设置放映方式"对话框。在该对话框中选择放映类型和需要放映的幻灯片。

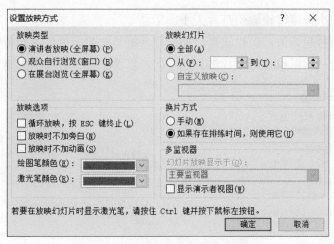

图 4-41   "设置放映方式"对话框

PowerPoint 2010 提供了 3 种不同的放映幻灯片的方式。

（1）演讲者放映。在该方式下，幻灯片以全屏方式显示。用此方式放映时，演讲者可以用 PowerPoint 2010 提供的绘图笔对幻灯片做现场勾画。使用图 4-41 对话框下方的"绘图笔颜色"下拉列表框可以设置绘图笔的颜色。

（2）观众自行浏览。以窗口形式显示，可以利用窗口命令控制放映进程。可通过单击窗口右下方的左、右箭头切换幻灯片到前一张或后一张。单击两箭头之间的"菜单"按钮，弹出放映控制菜单，可利用菜单的"定位至幻灯片"命令，快速切换到指定的幻灯片。

（3）在展台浏览。以全屏幕形式放映，适用于无人看管的场合。在放映过程中，除了鼠标指针用于选择屏幕对象外，其余功能全部失效（终止要按<Esc>键）。因为展出不需要现场修改，也不需要提供额外功能，以免破坏演示画面。

2. 启动幻灯片放映

可以单击"幻灯片放映"选项卡"开始放映幻灯片"组中的"从头开始"按钮，也可以单击屏幕右下方的"幻灯片放映"按钮，还可以按<F5>键。无论哪种放映方法，都会从第一张幻灯片开始播放。幻灯片播放过程中，把鼠标移到幻灯片的左下角时，会出现播放控制按钮。在任何位置右击可弹出控制菜单。

4.5.2 打印输出

除了可以演示外，演示文稿还可以打印成教材或资料。可用彩色、灰度或黑白方式打印整个或部分演示文稿的幻灯片、讲义、备注页或大纲，并可以为打印的每页讲义、备注页或大纲添加页眉和页脚。

1. 页面设置

页面设置主要设置幻灯片大小、摆放方向、编码等信息，这些信息在打印时起重要的作用。其操作步骤如下：

单击"设计"选项卡"页面设置"组中的"页面设置"按钮，在"页面设置"对话框（图 4-42）中可进行如下设置：

（1）幻灯片大小：可以设置幻灯片大小。

（2）幻灯片编号起始值：可以重新设置幻灯片编号的起始值，起始值默认是"1"。

（3）打印方向：可以设置幻灯片的打印方向，以及备注、讲义、大纲的打印方向。

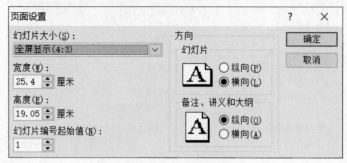

图 4-42　"页面设置"对话框

2. 打印页面

单击"文件"选项卡，在左侧的列表中执行"打印"命令，在窗口中间的"打印"设置项中可以设置打印机、打印范围、打印内容、打印份数等参数，如图 4-43 所示。

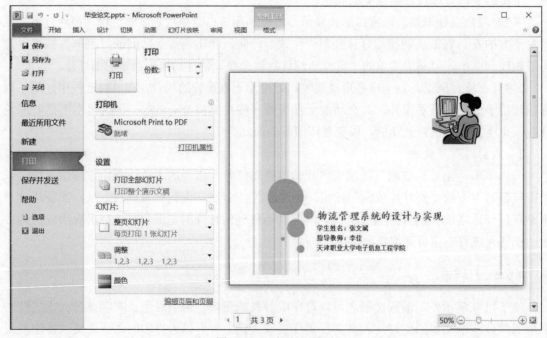

图 4-43　"打印"界面

打印讲义、备注页或大纲的方法如下：

在"页面设置"对话框中设置讲义、备注页和大纲的打印方向；执行"文件"选项卡的"打印"命令，在"打印"页面中单击"整页幻灯片"后的下拉按钮，打开列表框，从中可选择打印"讲义""备注页""大纲"。如果选择打印讲义，还可以设置每页幻灯片数；如果幻灯片设置了颜色、图案，为使打印更清晰应选"纯黑白"选项；单击"打印"按钮开始打印。

本 章 小 结

本章介绍了演示文稿和幻灯片的概念、主要的视图（包括普通视图、幻灯片浏览视图和幻灯片放映视图）的用法及 PowerPoint 2010 的常见操作，讲解了演示文稿的创建以及幻灯片修饰和美化的方法，设计模板、母版和配色方案的使用方法，幻灯片动画效果的设置方法，多媒体幻灯片的建立方法等内容。

习 题 4

一、选择题

1. 为所有幻灯片设置统一的、特有的外观风格，应使用（　　）。
   A. 母版　　　　　　　　　　　　　　B. 配色方案
   C. 自动版式　　　　　　　　　　　　D. 幻灯片切换
2. 在 PowerPoint 2010 中，若想设置幻灯片中对象的动画效果，应选择（　　）。
   A. 普通幻灯片视图　　　　　　　　　B. 幻灯片浏览视图
   C. 幻灯片放映视图　　　　　　　　　D. 以上均可
3. 在大纲视图中，只是显示文稿的（　　）内容。
   A. 备注幻灯片　　　B. 图片　　　　　C. 幻灯片　　　　　D. 文本
4. PowerPoint 2010 演示文稿的默认扩展名是（　　）。
   A. ".pptx"　　　　B. ".dbf"　　　　C. ".dotx"　　　　D. ".ppz"
5. 在编辑幻灯片内容时，首先应（　　）。
   A. 选择编辑对象　　　　　　　　　　B. 选择"幻灯片浏览视图"
   C. 选择工具栏按钮　　　　　　　　　D. 选择"编辑"菜单
6. 在空白幻灯片中不可以直接插入（　　）对象。
   A. 文本框　　　　　B. 图片　　　　　C. 文本　　　　　D. 艺术字
7. 在幻灯片"动作设置"对话框中设置的超链接，其对象不可以是（　　）。
   A. 下一张幻灯片　　　　　　　　　　B. 上一张幻灯片
   C. 其他演示文稿　　　　　　　　　　D. 幻灯片中的某一对象

二、判断题

1. 背景用于设置每张幻灯片的预设内容和格式。　　　　　　　　　　　（　　）
2. 在幻灯片中出现的虚线框称为占位符。　　　　　　　　　　　　　　（　　）
3. 在 PowerPoint 2010 的各种视图模式中，能够以全屏方式显示幻灯片的是"幻灯片视图"。　　　　　　　　　　　　　　　　　　　　　　　　　　　　（　　）
4. 在 PowerPoint 2010 的备注页视图可以为幻灯片添加备注信息。　　　（　　）

5．要删除多张不连续的幻灯片可以按住<Ctrl>键的同时单击要删除的幻灯片。 （　　）

6．在设置好演示文稿放映效果后，演示文稿就可以自动进行播放演示了。 （　　）

三、操作题

制作一个精美的演示文稿介绍一下自己。

要求：

（1）至少 5 张幻灯片。

（2）需要用到的知识点如下：

- 艺术字。
- 图片。
- 在演示文稿中插入超链接。
- 背景音乐。
- 动画效果和幻灯片切换效果。

第 5 章　Python 语言基础

 **本章导读**

　　Python 是一种功能强大、简单实用的计算机编程语言，广泛应用于人工智能、网络爬虫、Web 开发、服务器运维等领域。本章介绍 Python 的基本语法和编程必备知识。通过本章学习，读者应掌握 Python 的基本数据类型、运算符、数据的输入和输出等基础知识，能定义变量、书写 Python 表达式，能进行数据的输入和输出，为编写 Python 程序打下基础。

 **本章要点**

- Python 的安装
- PyCharm 的安装与使用
- 变量的命名与赋值
- Python 的基本数据类型
- 运算符及其优先级
- 数据的输入与输出

5.1　Python 语言简介

　　在所有编程语言里，Python 并不算"萌新"，从 1991 年发布第一个版本至今已有 30 多年。但最近几年，随着人工智能的火爆，Python 迅速升温，成为众多人工智能开发者的首选语言。

5.1.1　Python 的特点

　　Python 是一种面向对象、解释型的脚本语言，它也是一种功能强大且完善的通用型语言。Python 入门简单，相比于其他语言，初学者更容易上手。除此之外，Python 还具有以下特点：

　　（1）简单易学。Python 是一种代表简单主义思想的语言。阅读一个良好的 Python 程序就感觉像是在读英语一样，它使用户能够专注于解决问题而不用去搞明白语言本身。

　　（2）免费、开源。Python 是免费、开放源码的语言。使用者可以自由地下载、复制，阅读它的源代码，对它做改动，把它的一部分用于新的自由软件中。

（3）面向对象。Python 既支持面向过程编程，又支持面向对象编程。在面向过程编程中，用户可重用代码；在面向对象编程中，用户可使用基于数据和函数的对象。

（4）跨平台兼容。Python 是一种解释型的语言，具有跨平台的特征，只要为平台提供了相应的 Python 解释器，Python 程序就可以在该平台上运行。

（5）可扩展。Python 是一种可扩展的语言，可以用其他语言编写 Python 代码的一部分，例如，如果需要一段关键代码运行得更快或者希望某些算法不公开，可以部分程序用 C 语言或 C++语言编写，然后在 Python 程序中使用。

（6）丰富的库。Python 标准库包含用于日常编程的一系列模块，可随 Python 提供，无须额外安装。Python 包含了正则表达式、单元测试、Web 浏览器以及其他实用工具。它包括使用操作系统、读取和写入 CSV 文件、生成随机数以及使用日期和时间等。除了标准库以外，Python 还有许多其他高质量的库，如 NumPy、Twisted 和 Python 图像库等。

（7）解释型语言。编程语言有两种类型的代码转换器用于语言转换：解释器和编译器。编译器会编译整个程序，而解释器会逐行转换代码。不同于 C、C++、Java 等其他编程语言，Python 使用了解释器，这意味着它的代码是逐行执行的。

5.1.2　Python 的应用领域

在信息时代想要让机器为人工作，就必须学习机器的语言，而 Python 是比较好的计算机语言。总的来讲，Python 是近年来最火的编程语言。TIOBE 于 2020 年 3 月公布的编程语言排行榜中，Python 位居前三。究其根本，就是因为 Python 广泛的应用领域。Python 语言的主要应用领域如下：

（1）人工智能。Python 语言是目前公认学习人工智能的基础语言，很多开源的机器学习项目是基于 Python 语言编写的，例如用于身份认证的人脸识别系统，其原因是脚本语言写起来简单容易，编写的代码量比其他语言要少很多。

（2）云计算。云计算是一个未来发展的趋势，Python 能为云计算服务，很多常用的云计算框架都有 Python 的身影。

（3）Web 开发。在 Web 开发领域，Python 拥有很多免费数据函数库、免费网页模板系统，以及与 Web 服务器进行交互的库，可以搭建 Web 框架，快速实现 Web 开发。例如，我们经常使用的豆瓣网、知乎等平台都是用 Python 开发的。

（4）爬虫技术。在爬虫领域，Python 几乎处于"霸主"地位，Python 可以将一切网络数据作为资源，通过自动化程序进行有针对性的数据采集并处理。用 Python 编写爬虫程序，比用其他编程语言要简单得多，因为 Python 本身就是一门简洁的语言。

（5）网络游戏开发。在网络游戏开发方面，Python 可以用更少的代码描述游戏业务逻辑。例如，我们平常玩的游戏"阴阳师"就是用 Python 编写的。

（6）数据分析。在数据分析方面，Python 是金融分析、量化交易领域里使用最多的语言，平常工作中复杂的 Excel 报表处理也可以用 Python 完成，对数据分析师来讲，Python 语言是数据分析的利器。

5.1.3 Python 的安装

编程语言是一门实践科学，学习过程需要多动手实践，只有不断练习，才能真正掌握 Python 语言。在自己的计算机中搭建 Python 开发环境是很有必要的。在安装 Python 之前，先要下载 Python 安装文件。

Python 3.7.0 安装视频

1. 下载 Python 安装文件（以 3.7.0 版本为例）

打开 Python 官网，在 downloads 菜单下选择 Windows，在打开网页中找到需要安装的版本，如图 5-1 所示。

Version	Operating System	Description	MD5 Sum	File Size	GPG
Gzipped source tarball	Source release		41b6595deb4147a1ed517a7d9a580271	22745726	SIG
XZ compressed source tarball	Source release		eb8c2a6b1447d50813c02714af4681f3	16922100	SIG
macOS 64-bit/32-bit installer	macOS	for Mac OS X 10.6 and later	ca3eb84092d0ff6d02e42f63a734338e	34274481	SIG
macOS 64-bit installer	macOS	for OS X 10.9 and later	ae0717a02efea3b0eb34aadc680dc498	27651276	SIG
Windows help file	Windows		46562af86c2049dd0cc7680348180dca	8547689	SIG
Windows x86-64 embeddable zip file	Windows	for AMD64/EM64T/x64	cb8b4f0d979a36258f73ed541def10a5	6946082	SIG
Windows x86-64 executable installer	Windows	for AMD64/EM64T/x64	531c3fc821ce0a4107b6d2c6a129be3e	26262280	SIG
Windows x86-64 web-based installer	Windows	for AMD64/EM64T/x64	3cfdaf4c8d3b0475aaec12ba402d04d2	1327160	SIG
Windows x86 embeddable zip file	Windows		ed9a1c028c1e99f5323b9c20723d7d6f	6395982	SIG
Windows x86 executable installer	Windows		ebb6444c284c1447e902e87381afeff0	25506832	SIG
Windows x86 web-based installer	Windows		779c4085464eb3ee5b1a4fffd0eabca4	1298280	SIG

图 5-1　下载 Python 程序

2. 在 Windows 平台上安装 Python

打开下载到本地的 Python 安装程序，如 python-3.7.0-amd64.exe。开始在计算机上安装 Python。安装步骤如下：

（1）选中 Add Python 3.7 to PATH（表示把 Python 安装目录加入 Windows 环境变量 Path 路径中）。有两种安装方式，第一种是立即安装，第二种是自定义安装，建议选择自定义安装。

（2）选中功能选项，单击 Next 按钮，进入下一步。

（3）设置 Python 的安装路径，单击 Install 按钮，进入下一步。

（4）开始安装 Python，显示安装进度。

（5）安装成功，单击 Close 按钮，结束安装。

Python 程序安装步骤如图 5-2 所示。

3. 设置环境变量

如果在安装步骤（1）的时候没有选中 Add Python 3.7 to PATH，则需要在安装完成后设置环境变量。

设置环境变量步骤如下：

（1）打开"系统设置"窗口，在"系统属性"对话框中选择"高级"选项卡，单击右下角的"环境变量"按钮。

（1）

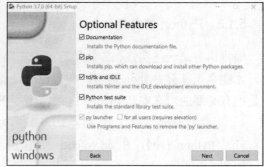

（2）

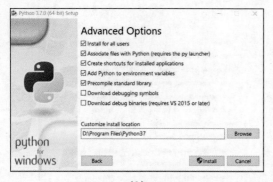

（3）

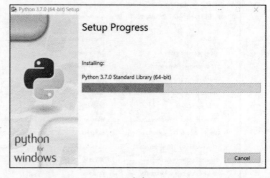

（4）

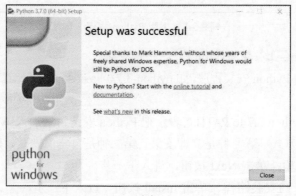

（5）

图 5-2　Python 程序安装步骤

（2）在"环境变量"对话框的用户变量里选择 Path 变量，单击"编辑"按钮。

（3）在"编辑环境变量"对话框中，将 Python 安装路径，如"D:\Porgram Files\Python37"以及安装路径下的 Scipts 子目录，如"D:\Porgram Files\Python37\Scripts"加入环境变量 Path 中，单击"确定"按钮，完成环境变量的编辑。

（4）环境变量设置后，在 cmd 命令行下，输入命令"python"，就可进入 Python 的交互式环境。

设置步骤如图 5-3 所示。

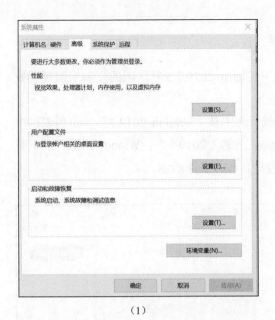

（1）

（2）

（3）

（4）

图 5-3　设置环境变量步骤

5.2　集成开发环境——PyCharm

虽然 Python 系统自带开发环境 Python IDLE，但是大家还是比较推崇另一个开发环境，即 PyCharm。PyCharm 是由捷克编辑工具商业软件提供商 JetBrains 打造的 Python 集成开发环境，有一整套用以帮助用户提高 Python 程序开发效率的工具，比如调试、语法高亮、项目管理、程序跳转、智能提示等。这些对于初学者来说很方便，能提高 Python 程序的开发效率。

PyCharm 2019 社区
版安装视频

5.2.1 PyCharm 的安装

下面以 Windows 平台上 PyCharm 2019.3.5 社区版的安装为例说明安装的过程。

在 JetBrains 公司的官方网站进行下载，在下载页面中从"Version 2019.3"下拉列表框中选择"2019.3.5"，选择 PyCharm Community Edition 下的"2019.3.5 - Windows(exe)"，下载 Windows 平台下的 PyCharm 2019.3.5 社区版安装程序，如图 5-4 所示。

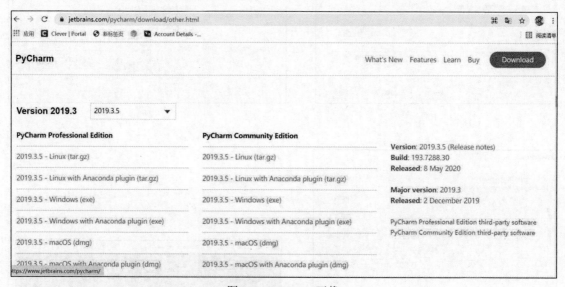

图 5-4　PyCharm 下载

PyCharm 软件安装步骤如下：

（1）双击下载的安装程序（pycharm-community-2019.3.5.exe），出现安装程序的欢迎界面，单击 Next 按钮进入下一步。

（2）选择 PyCharm 安装路径，可使用 PyCharm 默认的安装路径，也可自行设置安装路径，单击 Next 按钮进入下一步。

（3）选择需要的安装选项，单击 Next 按钮进入下一步。

（4）选择创建 PyCharm 快捷方式所在的开始菜单文件夹，可使用安装程序提供的默认文件夹，也可输入一个名称建立一个新文件夹，单击 Install 按钮开始安装。

（5）安装程序显示安装进度，等待程序安装完成。

（6）显示安装完成界面。若要立即运行 PyCharm 程序，勾选 Run PyCharm Community Edition 选项，否则，直接单击 Finish 按钮完成安装。

PyCharm 安装步骤如图 5-5 所示。

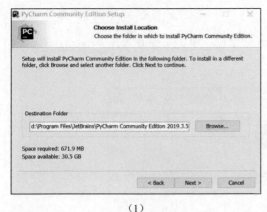

（1）

（2）

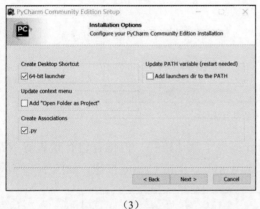

（3）

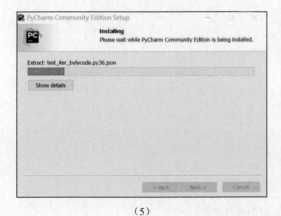

（4）

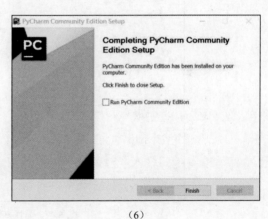

（5）

（6）

图 5-5　PyCharm 安装步骤

5.2.2　使用 PyCharm 开发 Python 程序

PyCharm 程序安装好了，我们就可以开发第一个 Python 程序了。

【操作实例 5-1】使用 PyCharm 编写程序 case5-1.py，在终端输出"Hello world!"。

操作实例 5-1 视频演示

步骤如下：

（1）启动 PyCharm，出现欢迎使用 PyCharm 对话框，单击 Create New Project，创建一个新工程，如图 5-6 所示。

图 5-6　创建一个新工程

（2）设置新工程的存放路径。虽然 PyCharm 提供了默认路径，但推荐自行设置存放路径，例如，设置工程的存放路径为 "D:\Python\HelloWorld"，单击 Create 按钮，如图 5-7 所示。

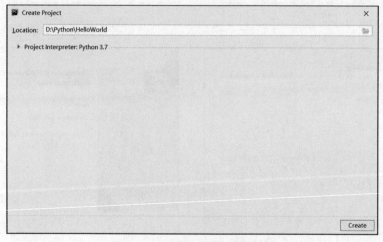

图 5-7　选择新工程的存放路径

（3）出现 "每日一贴"（Tip of the Day）对话框，它每次提供一个 PyCharm 功能的小贴士，单击 Close 按钮关闭对话框，如图 5-8 所示。

（4）进入 PyCharm 开发环境，PyCharm 界面的左侧是工程窗口，右侧是文件编辑区域，如图 5-9 所示。

（5）右击工程窗口中的 HelloWorld 文件夹，在弹出的快捷菜单中执行 New→Python File 命令，新建一个 Python 程序，如图 5-10 所示。

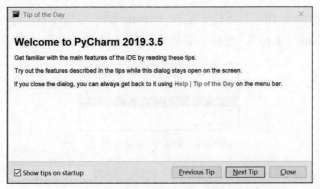

图 5-8 "每日一贴"对话框

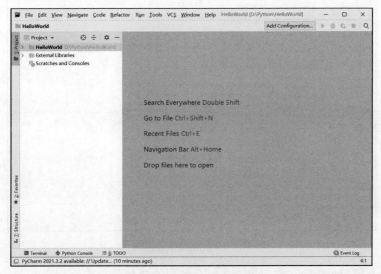

图 5-9 PyCharm 开发环境

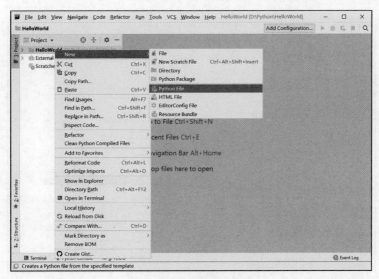

图 5-10 新建 Python 程序

（6）在 New Python file 对话框中输入 Python 程序的文件名，Python 程序的扩展名是 ".py"，此处输入 "case5-1.py"，按回车键创建 Python 文件，如图 5-11 所示。

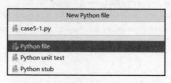

图 5-11 输入 Python 文件名

（7）在打开的 case5-1.py 窗口中输入程序代码，如图 5-12 所示。

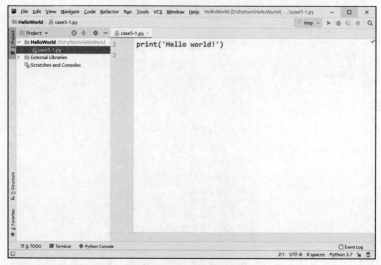

图 5-12 输入程序代码

（8）在打开的 case5-1.py 窗口里右击，从弹出的快捷菜单中执行 "Run 'case5-1'" 命令来运行 Python 程序，如图 5-13 所示。程序运行结果如图 5-14 所示。

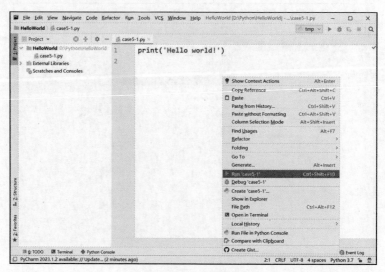

图 5-13 运行程序

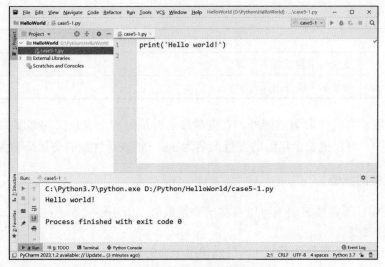

图 5-14　程序运行结果

5.3　变　　量

编写程序时我们经常使用变量来保存数据。变量是一个占有内存空间的数据存储区，可以存储各种不同类型的数据。Python 的基本数据类型有整型（int）、浮点型（float）、布尔型（bool）、字符串型（str）等。

5.3.1　变量的命名

在 Python 中，变量的命名必须遵循相应的命名规则，否则在执行程序时会发生错误，命名规则和注意事项如下：

- 变量名由大小写英文字母、数字和下划线组成。中文也可以作变量名，但不建议使用。
- 第一个字符必须是字母或下划线，数字不能作为首字符。当标识符包含多个单词时，通常用下划线来连接，如：name_stu。
- 变量名区分大小写。例如，变量 temp 和 Temp 代表两个不同的变量。

Python 的保留字不能作为变量名来使用。Python 的保留字包括：False、None、True、and、as、assert、async、await、break、class、continue、def、del、elif、else、except、finally、for、from、global、if、import、in、is、lambda、nonlocal、not、or、pass、raise、return、try、while、with、yield。

表 5-1 是几个错误的变量命名的例子。

表 5-1　错误的变量命名例子

变量名	错误原因
a year	变量名中不能出现空格
abc*	变量名中不能出现*号

续表

变量名	错误原因
2teachers	变量名不能以数字开头
False	变量名不能使用保留字

变量命名除了要遵守命名规则外，在变量命名时最好起个有意义的名字，可以提高程序的可读性。例如，可以把表示年龄的变量命名为 age，把表示性别的变量命名为 sex。

5.3.2　变量的赋值

在 Python 中，不需要声明就可以直接给变量赋值，语法格式如下：

```
变量名=变量值
```

例如，要给变量 x 赋值为整数 1，可以使用下面的语句：

```
a = 1
```

Python 会自动为变量 a 分配内存空间，并将变量的值设置成 1。

在使用变量时，不用指定数据类型，Python 会根据变量值来设定变量的数据类型。例如，下面的代码将变量 b 赋值成浮点数 2.3，将变量 c 赋值成字符串 Python：

```
b = 2.3
c = 'Python'
```

Python 允许在同一行中为多个变量赋值，语法格式如下：

```
变量名 1,变量名 2,…变量名 n=变量值 1,变量值 2,…变量值 n
```

例如，上面的代码也可写成下面的形式：

```
b, c = 2.3, 'Python'
```

Python 也允许把同一个值同时赋值给多个变量，语法格式如下：

```
变量名 1=变量名 2=…变量名 n=变量值
```

例如，我们要将变量 a、b、c 都赋值成 100，可以写成下面的形式：

```
a = b = c = 100
```

当程序执行完毕，变量的空间会自动释放。在有些场合，可以在程序中通过 del 命令将变量删除，语法格式如下：

```
del 变量名
```

【操作实例 5-2】编写程序 case5-2.py，交换两个变量的值。

代码如下：

```
1    # 交换两个变量的值
2    a = 10
3    b = 20
4    a, b = b, a
5    print(a, b)
```

操作实例 5-2 视频演示

代码说明：

- 代码行 1：本程序的注释。
- 代码行 2～3：分别给变量 a、b 赋值成 10 和 20。
- 代码行 4：通过赋值交换变量 a 和 b 的值。

● 代码行 5：输出变量 a 和 b 的值。

以 10 和 20 为例，程序运行结果如图 5-15 所示。

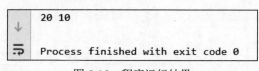

图 5-15　程序运行结果

5.4　数 据 类 型

Python 提供了多种数据类型，本节介绍 Python 的基本数据类型，包括数值型、字符串型和布尔型，并介绍数据类型转换。

5.4.1　数值型

Python 数值型主要包括整型（int）和浮点型（float）两种。整型用来表示整数，浮点型用来表示实数。

Python 的整数可用十进制、十六进制、八进制和二进制表示，其中最常用的是十进制整数。

● 十进制整数：如 0、-1、29、125。
● 十六进制整数：需要 16 个字符（0，1，…，9；a，b，…，f）来表示，必须以 0x 开头，如 0x10、0xfa、0xabcdef。
● 八进制整数：需要 8 个数字（0，1，…，7）来表示，必须以 0o 开头，如 0o35、0o17。
● 二进制整数：只需要 2 个数字（0、1）来表示，必须以 0b 开头，如 0b1010、0b1001。

Python 的浮点数可用十进制小数和科学记数法表示。

● 十进制小数：如 15.3、0.37、-11.2。
● 科学记数法：格式为 "<实数>E 或者 e<整数>"，如 1.2e2、314.15E-2。

5.4.2　字符串型

字符串型（str）也是 Python 常见的数据类型，使用单引号、双引号、三引号作为定界符，字符串中的字符可以是英文字符、数字、汉字及转义字符，以字母 r 或 R 引导的字符串表示原始字符串。例如，这些都是合法的 Python 字符串：'swfu'、"I'm student"、'''Python '''、r'abc'、R'bcd'、'汉字'。

我们可以用字符串给变量赋值，例如：

```
str1 = 'Hello Python!'
str2 = '天津职业大学'
```

在 Python 中，空串是不含任何字符的字符串，用 '' 或 "" 表示。

以三引号（'''）或（"""）作为定界符的字符串可以包含换行，例如，下面的代码将一个多行的对话赋值给变量 str3：

```
    str3= '''你好吗？
        我很好！你哪？
        我也很好！'''
    print(str3)
```

执行结果如下：

```
    你好吗？
        我很好！你哪？
        我也很好！
```

5.4.3　布尔型

布尔型（bool）通常用于流程控制中的判断条件，取值只有两个：True 和 False。True 表示真，False 表示假。可以用布尔型数据给变量赋值，例如下面的代码给变量 isRight 和 isFemale 赋值成 True 和 False：

```
    isRight = True
    isFemale = False
```

5.4.4　数据类型转换

在 Python 中，当相同类型的数据进行运算时，不需要类型转换；而当不同类型的数据进行运算时，就要进行数据类型转换。Python 的数据类型转换有两种：自动类型转换和强制类型转换。

1．自动类型转换

自动类型转换是由 Python 自动进行的，例如，若一个整型数据和一个浮点型数据进行运算，Python 会先将整型数据转换成浮点型数据，计算结果是浮点型数据。例如：

```
    c = 3 + 2.6
    print(c)
```

执行结果如下：

```
    5.6
```

如果一个整型数据和一个布尔型数据进行运算，Python 会先将布尔型数据转换成整型数据，计算结果是整型数据。True 被转换成 1，False 被转换成 0。例如：

```
    c = 3 + True
    print(c)
```

执行结果如下：

```
    4
```

2．强制类型转换

当自动类型转换无法完成时，要通过类型转换函数进行强制转换。Python 常用的类型转换函数如下：

int(x)：将 x 强制转换成整数。

float(x)：将 x 强制转换成浮点数。

str(x)：将 x 强制转换成字符串。

例如，一个整数和一个由数字组成的字符串进行运算时，如果不进行强制类型转换会出现错误。例如：

```
c = 10 + '20'
print(c)
```

执行上面的代码，Python 会报出错误信息：整型数据无法和字符串数据执行相加运算。此时应对参与运算的数据进行类型转换。下面的代码用 int()函数将字符串强制转换成整数，计算的结果是一个整数。

```
c = 10 + int('20')
print(c)
```

执行结果如下：

```
30
```

此外，当用 print()函数输出时，字符串与数值的运算也会发生错误，例如：

```
total = 20
print('合计：' + total)
```

执行上面的代码，Python 也会报出错误信息。此时可以用 str()函数将整数强制转换为字符串，两个字符串的连接结果是一个字符串。

```
total = 20
print('合计：' + str(total))
```

执行结果如下：

```
合计：20
```

5.5 输入与输出

一个程序通常由三部分构成：数据输入、数据处理和数据输出。数据输入是指从输入设备如键盘向计算机传递数据，数据处理是指根据程序具体需求进行相应的计算，数据输出是指从计算机向输出设备如显示器传递数据。

5.5.1 输入函数 input()

Python 提供了 input()函数从标准输入设备读入一行文本，默认的标准输入设备是键盘。input()函数的语法格式如下：

```
变量= input(提示信息)
```

input()函数的返回值是一个字符串。用户在输入数据后敲击回车键，就完成了本次输入。例如，输入姓名后输出，可以使用下面的代码：

```
name = input("输入您的姓名: ")
print('您的姓名：', name)
```

运行结果如图 5-16 所示。

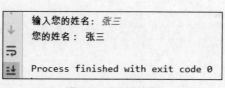

图 5-16　运行结果

注意： 如果想要输入数值，必须进行强制类型转换，例如，下面的代码让用户输入一个整数，然后计算它的两倍大小：

```
num = int(input('输入一个整数：'))
print(2 * num)
```

在上面的代码中，使用 int()函数将 input()函数返回的字符串强制转换成整数，再与整数 2 做乘法运算，以 12 为例，运行结果如图 5-17 所示。

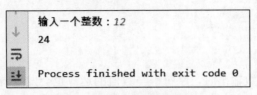

图 5-17　输入数据的类型转换

5.5.2　输出函数 print()

Python 使用 print()函数把数据输出到标准输出设备上，标准输出设备是屏幕。print()函数的语法格式如下：

```
print(项目 1,…,sep=分隔符,end=结束符)
```

说明：

● 项目：print()函数可一次输出多个项目，每个项目使用逗号（,）隔开。
● sep：每个项目的分隔符，默认是空格，可自行指定分隔符。
● end：结束符，默认是换行符，可自行指定结束符。

例如，下面的代码使用默认的分隔符（空格）输出变量 a 和 b 的值：

```
a = 1
b = 2
print(a, b)
```

执行结果如下：

```
1 2
```

如果想要将分号作为分隔符，需要把分号（;）作为指定的分隔符赋值给 sep 参数，代码如下：

```
a = 1
b = 2
print(a, b, sep=';')
```

执行结果如下：

```
1;2
```

如果想让 print()函数不使用默认的换行符作为结束符，需要设置 end 参数。例如，在下面的代码中，将星号设置为结束符：

```
a = 1
print(a, end='*')
b = 2
print(b)
```

执行结果如下：

1*2

5.6 运 算 符

描述不同运算的各种符号称作运算符，参与运算的数据称为操作数。Python 的运算符包括算术运算符、赋值运算符、比较运算符、逻辑运算符等。表达式是将常量、变量等用运算符连接起来的式子。

5.6.1 算术运算符

算术运算符用来计算算术表达式。Python 常用的算术运算符见表 5-2。

表 5-2 常用的算术运算符

算术运算符	描述	运算式	运算结果
+	算术加法	3+2	5
-	得到负数或算术减法	3-2	1
*	算术乘法	3*2	6
/	算术除法	3/2	1.5
//	取商数	3//2	1
%	取余数	3%2	1
**	乘方	3**2	9

【操作实例 5-3】编写程序 case5-3.py，将输入的摄氏温度转换成华氏温度，摄氏温度（C）转换成华氏温度（F）的公式：F=C*(9/5)+32。

代码如下：

```
1    # 摄氏温度转换为华氏温度
2    C = float(input('请输入摄氏温度：'))
3    F = C * (9 / 5) + 32
4    print('换成华氏温度', F)
```

操作实例 5-3 视频演示

代码说明：

- 代码行 1：本程序的注释。
- 代码行 2：用 input()函数输入摄氏温度，由 float()函数将字符串转换为浮点数，并赋值给变量 C。
- 代码行 3：计算华氏温度，将计算结果赋值给变量 F。
- 代码行 4：输出计算结果。

以 37.2 摄氏度为例，程序运行结果如图 5-18 所示。

```
请输入摄氏温度：37.2
换成华氏温度 98.96000000000001

Process finished with exit code 0
```

图 5-18　程序运行结果

【操作实例 5-4】编写程序 case5-4.py，输入苹果数量和小学生人数，计算每位小学生分得多少苹果，还剩多少苹果。

操作实例 5-4 视频演示

代码如下：

```
1    # 给小学生分苹果
2    appNum = int(input('请输入苹果数量：'))
3    pupNum = int(input('请输入小学生人数：'))
4    print('分得苹果（个）：', appNum // pupNum, '，还剩苹果（个）：', appNum % pupNum)
```

代码说明：

- 代码行 1：本程序的注释。
- 代码行 2～3：用 input()函数分别输入苹果数量和小学生人数，用 int()函数将字符串转换成整数，并赋值给变量 appNum 和 pupNum。
- 代码行 4：输出计算结果，分得苹果的数量是苹果数量与小学生人数进行取商数运算的结果，剩余苹果的数量是苹果数量与小学生人数进行取余数运算的结果。

以 20 个苹果分给 8 个小学生为例，运行结果如图 5-19 所示。

```
请输入苹果数量：20
请输入小学生人数：8
分得苹果（个）： 2 ，还剩苹果（个）： 4

Process finished with exit code 0
```

图 5-19　程序运行结果

5.6.2　复合赋值运算符

Python 的赋值运算符有两种：简单赋值运算符（=）和复合赋值运算符（+=、-=、*=、/=、//=、%=、**=）。简单赋值运算符是把等号右边的值赋给左边的变量，用法已在 5.3.2 节中介绍；复合赋值运算符可以看作是将算术运算和赋值运算的功能结合在一起的运算符。

Python 常用的复合赋值运算符见表 5-3，假设表中的 x=3、y=5。

表 5-3　常用的复合赋值运算符

复合赋值运算符	描述	表达式	实例
+=	算术加法赋值运算	x +=y	等价于 x=x+y，x 结果是 8
-=	算术减法赋值运算	x-=y	等价于 x=x-y，x 结果是-2
*=	算术乘法赋值运算	x*=y	等价于 x=x*y，x 结果是 15
/=	算术除法赋值运算	x/=y	等价于 x=x/y，x 结果是 0.6

复合赋值运算符	描述	表达式	实例
//=	取商数赋值运算	x//=y	等价于 x=x//y，x 结果是 0
%=	取余数赋值运算	x%=y	等价于 x=x%y，x 结果是 3
**=	乘方赋值运算	x**=y	等价于 x=x**y，x 结果是 243

5.6.3 比较运算符

Python 的比较运算符：等于（==）、不等于（！=）、大于（>）、小于（<）、大于等于（>=）和小于等于（<=）。比较运算的结果是一个布尔值：True 或者 False。

Python 常用的比较运算符见表 5-4，假设表中的 x=3、y=5。

表 5-4　常用的比较运算符

比较运算符	描述	表达式	实例
==	等于	x==y	结果是 False
!=	不等于	x!=y	结果是 True
>	大于	x>y	结果是 False
<	小于	x<y	结果是 True
>=	大于等于	x>=y	结果是 False
<=	小于等于	x<=y	结果是 True

【操作实例 5-5】编写程序 case5-5.py，比较输入的两个整数的大小。

代码如下：

```
1    # 比较输入的两个整数的大小
2    num1 = int(input('输入第一个整数：'))
3    num2 = int(input('输入第二个整数：'))
4    print('第一个整数是否等于第二个整数：', num1 == num2)
5    print('第一个整数是否大于第二个整数：', num1 > num2)
6    print('第一个整数是否小于第二个整数：', num1 < num2)
7    print('第一个整数是否大于等于第二个整数：', num1 >= num2)
8    print('第一个整数是否小于等于第二个整数：', num1 <= num2)
```

代码说明：

● 代码行 1：本程序的注释。

● 代码行 2～3：用 input()函数分别输入两个整数，由 int()函数将字符串转换为整数，并赋值给变量 num1 和 num2。

● 代码行 4：比较两个数是否相等。

● 代码行 5：比较第一个数是否大于第二个数。

● 代码行 6：比较第一个数是否小于第二个数。

● 代码行 7：比较第一个数是否大于等于第二个数。

● 代码行 8：比较第一个数是否小于等于第二个数。

以 10 和 6 为例，程序运行结果如图 5-20 所示。

```
输入第一个整数：10
输入第二个整数：6
第一个整数是否等于第二个整数：False
第一个整数是否大于第二个整数：True
第一个整数是否小于第二个整数：False
第一个整数是否大于等于第二个整数：True
第一个整数是否小于等于第二个整数：False

Process finished with exit code 0
```

图 5-20　程序运行结果

5.6.4　逻辑运算符

Python 中的逻辑运算符：与（and）、或（or）、非（not），通常用来表达生活中的并且、或者和相反的意思。

Python 常用的逻辑运算符见表 5-5。

表 5-5　常用的逻辑运算符

逻辑运算符	描述	表达式	实例
and	与运算，当 x 和 y 两个表达式都为真时，x and y 的结果才为真，否则为假	6 > 3 and 3 < 2 3 < 5 and 3 < 6	结果是 False 结果是 True
or	或运算，当 x 和 y 两个表达式都为假时，x or y 的结果才是假，否则为真	6 < 3 or 3 < 2 3 < 5 or 3 > 6	结果是 False 结果是 True
not	非运算，如果 x 为 False，not x 的值是 True；如果 x 为 True，not x 的值是 False	not 6 > 3 not 6 < 3	结果是 False 结果是 True

【操作实例 5-6】编写程序 case5-6.py，输入学生成绩，学生成绩是 0～100 之间的浮点数，判断输入的成绩是否有效。

代码如下：

```
1    # 判断输入的成绩是否有效，有效成绩在 0～100 之间
2    score = float(input('输入学生成绩：'))
3    isValid = score >= 0 and score <= 100
4    print('成绩是否有效：', isValid)
```

操作实例 5-6 视频演示

代码说明：

● 代码行 1：本程序的注释。

● 代码行 2：用 input() 函数输入成绩，由 float() 函数将字符串转换为浮点数，并赋值给变量 score。

● 代码行 3：判断学生成绩是否大于等于 0 并且小于等于 100，并将判断结果赋值给变量 isValid。

● 代码行 4：输出判断结果。

以成绩 120 分为例，程序运行结果如图 5-21 所示。

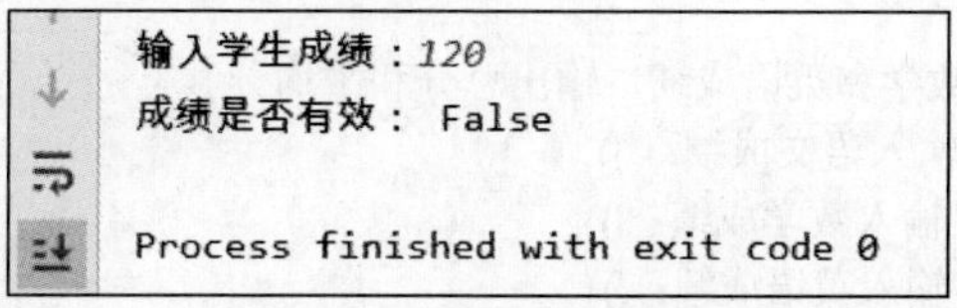

```
输入学生成绩：120
成绩是否有效：False

Process finished with exit code 0
```

图 5-21　程序运行结果

5.6.5　运算符的优先级

Python 按照运算符优先级由高到低的原则计算表达式。表 5-6 列出了常用的运算符优先级。

表 5-6　常用的运算符优先级

运算符	描述
**	乘方（最高优先级）
+、-	正、负号
*、/、%、//	乘法、除法、取余数和取商数
+、-	加法、减法
<=、<、>、>=	小于等于、小于、大于、大于等于
==、!=	等于、不等于
=、% =、/ =、//=、-=、+=、*=、**=	赋值、取余数赋值、除法赋值、取商数赋值、减法赋值、加法赋值、乘法赋值、乘方赋值

下面是运算符优先级的例子：

```
a, b, c, d = 1, 2, 3, 4
e = a + b * c - d
print(e)
e = (a + b) * c - d
print(e)
```

在上面的代码中，表达式 "e = a + b * c - d" 的运算次序：先乘法，再加法，最后减法。表达式 "e = (a + b) * c - d" 的运算次序：先括号中的加法，再乘法，最后减法。执行结果如下：

```
3
5
```

5.7　程序练习

练习 5-1：编写程序 ex5-1.py，输入学生的语文、数学和英语成绩，成绩都是整数，输出总分和平均分。

提示与要求：

● 用 input() 函数分别输入三科成绩，分别用 int() 函数将字符串转换成整数。

- 计算总分和平均分。
- 用 print()函数输出总分和平均分。

参考程序：

```
1    # 输入语文、数学和英语成绩，输出总分和平均分
2    chi = int(input('输入语文成绩：'))
3    met = int(input('输入数学成绩：'))
4    eng = int(input('输入英语成绩：'))
5    total = chi + met + eng
6    ave = total / 3
7    print('总成绩：', total, '平均分：', ave)
```

以语文 80 分、数学 90 分、英语 70 分为例，程序运行结果如图 5-22 所示。

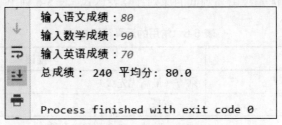

图 5-22　程序运行结果

练习 5-2：编写程序 ex5-2.py，输入一个三位自然数，输出其百位、十位和个位上的数字。

提示与要求：

- 用 input()函数输入一个三位自然数，由 int()函数将字符串转换成整数。
- 对三位自然数和 100 进行取商数运算可求得百位上的数字。
- 先对三位自然数和 10 进行取商数运算得到前两位数，再对这前两位数和 10 进行取余数运算可求得十位上的数字。
- 对三位自然数和 10 进行取余数运算可求得个位上的数字。
- 输出计算结果。

参考程序：

```
1    # 输出三位自然数的百位、十位和个位上的数字
2    x = int(input('请输入一个三位自然数：'))
3    a = x // 100        # 求百位数字
4    b = x // 10 % 10    # 求十位数字
5    c = x % 10          # 求个位数字
6    print('百位：', a, ', 十位：', b, ', 个位：', c)
```

以 123 为例，程序运行结果如图 5-23 所示。

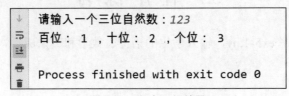

图 5-23　程序运行结果

练习 5-3：编写程序 ex5-3.py，输入三角形的底和高，输出三角形的面积。

提示与要求：

- 用 input()函数分别输入三角形的底和高，由 float()函数将字符串转换成浮点数。
- 用三角形的面积公式计算三角形面积。
- 输出计算结果。

参考程序：

```
1    # 输入三角形的底和高，输出三角形的面积
2    a = float(input('输入三角形的底：'))
3    h = float(input('输入三角形的高：'))
4    area = a * h / 2   # 计算三角形面积
5    print('三角形的面积：', area)
```

三角形的底为 2.5、高为 3.2 为例，程序运行结果如图 5-24 所示。

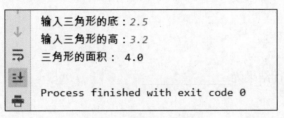

图 5-24　程序运行结果

本 章 小 结

本章介绍了 Python 运行环境和开发环境的安装，讲述了 Python 的基本数据类型、运算符、输入与输出函数等内容。通过本章学习，读者应能够定义变量、正确书写 Python 的表达式，能对数据类型进行类型转换，并使用 input()函数和 print()函数完成数据的输入和输出，为后续学习 Python 程序打下基础。

习 题 5

一、填空题

1. 表达式 "3 ** 2" 的值为_____。

2. 表达式 "3 * 2" 的值为_____。

3. 表达式 "int(4 ** 0.5)" 的值为_____。

4. 已知 x = 3，则执行语句 "x *= 6" 之后，x 的值为_____。

5. Python 的单行注释语句使用的字符是_____。

6. 表达式 "5 // 3" 的结果是_____。

7. 表达式 "5 % 3" 的结果是_____。

8. 执行语句"a = 2 == 3"后，变量 a 的值是_____。

9. 若 a=3、b=2，则执行语句"a, b = b, a"后，a 的值是_____，b 的值是_____。

10. 若 n=15，则表达式"n % 3 == 0 and n % 5 == 0"的结果是_____。

11. 表达式"not 5 > 6 or 3 > 5"的结果是_____。

12. 执行语句"a = b = 3"后，变量 a 的值是_____，b 的值是_____。

13. 若 a=2、b=1，则执行语句"b += a"后，变量 b 的值是_____。

14. 表达式"2 * 3 ** 2"的值是_____。

15. 若 a='123'，将变量 a 的值强制转换成整数，并赋值给变量 b 的语句是_____。

二、写出程序的运行结果

1. 下面程序的运行结果为_____。

```
a = 1
b = 2
c = 3
print(a, b, c, sep='*')
```

2. 下面程序的运行结果为_____。

```
a = 23
b = 5
print(a / b, a // b, a % b)
```

3. 下面程序的运行结果为_____。

```
year = 2000
isLeap = (year % 4 == 0 and year % 100 != 0) or (year % 400 == 0)
print(isLeap)
```

4. 下面程序的运行结果为_____。

```
a, b = 1, 2
a += 2
b *= 3
print(a, b)
```

三、编程题

1. 编写程序，输入一个三位自然数，输出其各位上的数字的和值。

2. 编写程序，输入一个华氏温度，将其转换成摄氏温度。

第 6 章　Python 流程控制

众所周知，计算机程序就是一系列指令的集合，那么程序的执行也就是指运行这些指令的过程，对这个过程的控制就是计算机程序的流程控制。流程控制结构分为顺序结构、选择结构和循环结构。本章将带领读者理解这三种流程控制结构的特点，掌握 if、while、for 等语句的格式和用法，解决编写 Python 程序的一般问题。

- 流程图的表示符号
- if 语句的使用
- while 语句的使用
- for 语句的使用
- break 与 continue 语句的使用
- 一般问题的计算机求解

6.1　流程图的表示符号

在程序设计时，我们经常用流程图辅助程序设计。流程图是以特定的图形符号加上说明来表示算法的图。使用流程图，可以很容易地了解整个任务的流程，便于程序的编写与调试。流程图的常见图形符号见表 6-1。

表 6-1　流程图的常见图形符号

名称	符号	含义
开始或结束符号	⬭	流程的开始或结束
流程符号	↓	表示程序流程的方向
程序处理符号	▭	表示要处理的工作
输入或输出符号	▱	表示数据输入或数据输出
流程判断符号	◇	根据条件表达式判断程序执行方向

下面以猜数游戏程序为例，说明流程图如何帮助我们思考问题，如图 6-1 所示。

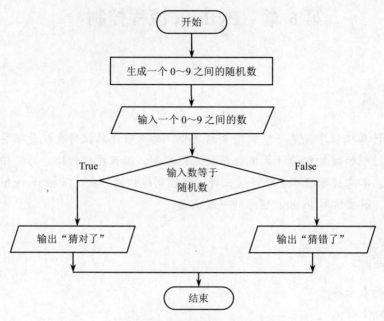

图 6-1　猜数游戏程序的流程图

6.2　顺序结构

程序的一般工作流程包括输入数据、运算处理和输出结果三部分。顺序结构是指按照代码的执行顺序依次执行。程序中大多数代码是顺序执行的，其执行流程如图 6-2 所示。

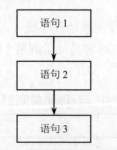

图 6-2　顺序结构的流程图

【操作实例 6-1】编写程序 case6-1.py，输入圆的半径，输出圆的周长和面积。

代码如下：

```
1    # 输入圆的半径，计算出圆的周长和面积
2    r = float(input('输入圆的半径：'))
3    l = 2 * 3.14 * r
4    s = 3.14 * r * r
5    print('圆的周长：', l, '圆的面积：', s)
```

代码说明

- 代码行 1：本程序的注释。
- 代码行 2：用 input()函数输入圆的半径，由 float()函数将字符串转换成浮点数，并赋值给变量 r。
- 代码行 3～4：计算圆的周长和面积，计算结果分别赋值给变量 l 和 s。
- 代码行 5：输出计算结果。

以圆的半径为 2.5 为例，运行结果如图 6-3 所示。

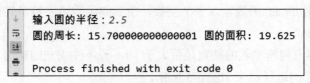

```
输入圆的半径：2.5
圆的周长：15.700000000000001  圆的面积：19.625

Process finished with exit code 0
```

图 6-3　程序的运行结果

6.3　选 择 结 构

选择结构是按照给定条件有选择地执行程序中的语句。在 Python 中使用保留字 if 构成选择结构。Python 提供了多种形式的选择结构，如基本 if 语句的单分支结构、if…else…语句的双分支结构、if…elif…语句的多分支结构。

6.3.1　if 语句

if 语句构成了最简单的单分支选择结构，语法格式如下：

> if 条件表达式:
> 　语句块

说明：

- 条件表达式后面的冒号（:）是不可缺少的。
- 条件表达式的结果为布尔值，True 或 False。
- 语句块也称为 if 语句的内嵌语句，以缩进方式书写，是同一层缩进的连续代码。

单分支选择结构的流程如图 6-4 所示。

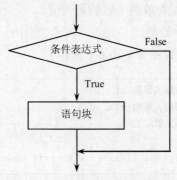

图 6-4　单分支选择结构的流程图

【操作实例 6-2】编写程序 case6-2.py，输入一个整数，若数值大于 10，输出"大于十"。

代码如下：

```
1    # 输入一个整数，当数值大于 10 时输出"大于十"
2    number = int(input('输入一个整数：'))
3    if number > 10:
4        print('大于十')
```

代码说明：

● 代码行 1：本程序的注释。

● 代码行 2：用 input()函数输入一个整数，由 int()函数将字符串转换成整数，并赋值给变量 number。

● 代码行 3～4：判断输入的整数是否大于 10，若条件成立则输出"大于十"。

以 13 为例，程序的运行结果如图 6-5 所示。

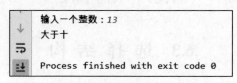

图 6-5　程序的运行结果

【操作实例 6-3】编写程序 case6-3.py，求两个整数的最大值。

代码如下：

```
1    # 求两个整数的最大值
2    x1 = int(input('请输入整数 x1：'))
3    x2 = int(input('请输入整数 x2：'))
4    if x2 > x1:
5        x1, x2 = x2, x1
6    print('最大值=', x1)
```

代码说明：

● 代码行 1：本程序的注释。

● 代码行 2～3：用 input()函数输入两个整数，由 int()函数将字符串转换成整数，并赋值给变量 x1 和 x2。

● 代码行 4～5：判断变量 x2 的值是否大于变量 x1 的值，若条件成立，则交换这两个变量的值，这样变量 x1 存放两个数的最大值。

● 代码行 6：输出变量 x1 的值。

以 10 和 20 为例，程序的运行结果如图 6-6 所示。

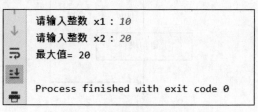

图 6-6　程序的运行结果

6.3.2 if…else…语句

if…else…语句构成了双分支选择结构，语法格式如下：

```
if 条件表达式:
    语句块 1
else:
    语句块 2
```

执行流程：首先判断条件表达式的值，如果为 True，则执行语句块 1，否则执行语句块 2。其中，语句块可以是多条语句，以缩进来区分同一范围。

双分支选择结构的流程如图 6-7 所示。

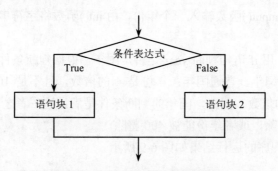

图 6-7　双分支选择结构的流程图

【操作实例 6-4】编写程序 case6-4.py，判断输入整数（如 10）的奇偶性。

代码如下：

```
1    # 判断输入整数的奇偶性
2    x = int(input('请输入整数 x：'))
3    if x % 2 == 0:
4        print(x, '是偶数')
5    else:
6        print(x, '是奇数')
```

操作实例 6-4 视频演示

代码说明：

- 代码行 1：本程序的注释。
- 代码行 2：用 input()函数输入一个整数，由 int()函数将字符串转换成整数，并赋值给变量 x。
- 代码行 3~6：使用双分支选择结构判断该数能否被 2 整除，如果条件成立，则输出"是偶数"，否则输出"是奇数"。

以 10 为例，程序的运行结果如图 6-8 所示。

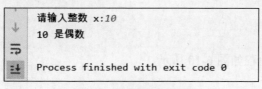

图 6-8　程序的运行结果

【操作实例 6-5】编写程序 case6-5.py，输入一个年份，判断是否为闰年。

代码如下：

```
1    # 输入一个年份，判断是否为闰年
2    year = int(input('请输入公历年份：'))
3    if year % 4 == 0 and year % 100 != 0 or year % 400 == 0:
4        print(year, '是闰年')
5    else:
6        print(year, '不是闰年')
```

代码说明：

● 代码行 1：本程序的注释。

● 代码行 2：用 input() 函数输入一个年份，由 int() 函数将字符串转换成整数，并赋值给变量 year。

● 代码行 3～6：用 if 语句判断 year 是否是闰年，根据判断条件输出结果。闰年分为普通闰年和世纪闰年。普通闰年：年份是 4 的倍数，且不是 100 的倍数。世纪闰年：年份是 400 的倍数。因此，闰年的判断条件是满足这二者之一：年份能被 4 整除但不能被 100 整除，或者年份能被 400 整除。

以 1996 年为例，程序的运行结果如图 6-9 所示。

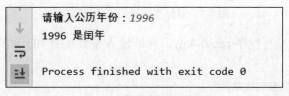

图 6-9　程序的运行结果

6.3.3　if…elif…语句

当程序中需要多个条件判断时，可用 if…elif…语句实现多分支选择结构，实现更为复杂的条件判断。语法格式如下：

```
if 表达式 1:
    语句块 1
elif 表达式 2:
    语句块 2
    …
elif 表达式 n:
    语句块 n
else:
    语句块 n+1
```

多分支选择结构的流程如图 6-10 所示。

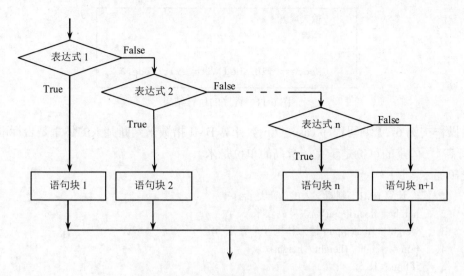

图 6-10　多分支选择结构的流程图

说明：

- 不管有几个分支，程序执行其中一个分支后，后面的分支不再执行。
- 如果多分支中有多个表达式同时满足条件，则只执行第一个满足条件的语句。

【操作实例 6-6】编写程序 case6-6.py，将百分制成绩转换成五级制。

代码如下：

```
1    # 输入成绩，输出相应的成绩等级
2    score = int(input('输入成绩：'))
3    if score >= 90:
4        print('优秀')
5    elif score >= 80:
6        print('良好')
7    elif score >= 70:
8        print('中等')
9    elif score >= 60:
10       print('及格')
11   else:
12       print('不及格')
```

操作实例 6-6 视频演示

代码说明：

- 代码行 1：本程序的注释。
- 代码行 2：用 input()函数输入成绩，由 int()函数将字符串转换成整数，并赋值给变量 score。
- 代码行 3~12：使用多分支选择结构，从上到下依次判断成绩满足哪一个条件；如果某一个条件满足，则输出相应的成绩等级。如果所有条件都不满足，则输出"不及格"。

以 75 分为例，程序的运行结果如图 6-11 所示。

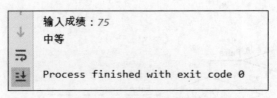

图 6-11　程序的运行结果

【操作实例 6-7】编写程序 case6-7.py，计算 BMI 指数来判断某人的体重是否标准，BMI=体重/身高 ^{2}（体重的单位是千克，身高的单位是米）。

代码如下：

```
1     # 计算 BMI，判断某人的体重是否标准
2     height = float(input('输入身高（米）：'))
3     weight = float(input('输入体重（千克）：'))
4     bmi = weight / (height * height)
5     if bmi < 18.5:
6         print('BMI 指数为：', bmi)
7         print("体重过轻")
8     elif bmi < 24:
9         print('BMI 指数为：', bmi)
10        print("标准体重，注意保持")
11    elif bmi < 28:
12        print('BMI 指数为：', bmi)
13        print("体重过重")
14    else:
15        print('BMI 指数为：', bmi)
16        print('肥胖，该减肥了！')
```

代码说明：

- 代码行 1：本程序的注释。
- 代码行 2~3：用 input()函数输入身高和体重，由 float()函数将字符串转换成浮点数，并赋值给变量 height 和 weight。
- 代码行 4：计算 BMI 指数，bmi=weight / (height * height)。
- 代码行 5~16：使用多分支选择结构，从上到下依次判断：①如果满足 bmi<18.5，则输出"体重过轻"；②否则，如果满足 bmi<24，则输出"标准体重，注意保持"；③否则，如果满足 bmi<28，则输出"体重过重"；④如果以上条件都不满足，则输出"肥胖，该减肥了！"。

以身高 1.6 米、体重 60 千克为例，程序的运行结果如图 6-12 所示。

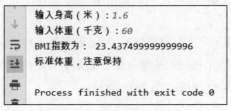

图 6-12　程序的运行结果

6.3.4 if 语句嵌套

在某些比较复杂的情况下，某个条件又可以分为更为详细的子条件，这时我们可以使用选择结构的嵌套方式来实现逻辑关系。下面是一个选择结构的嵌套示例：

```
if 表达式 1:
    if 表达式 2:
        语句块 1
    else:
        语句块 2
else:
    if 表达式 3:
        语句块 3
    else:
        语句块 4
```

使用嵌套结构时，一定要严格控制不同级别代码块的缩进量，它决定了不同代码块的从属关系，是业务逻辑正确实现的关键。

【操作实例 6-8】编写程序 case6-8.py，判断某人是否达到法定婚姻年龄。我国法定结婚年龄为"男不得早于二十二周岁，女不得早于二十周岁"。

代码如下：

```
1    # 判断某人是否达到法定婚姻年龄
2    sex = input('请输入您的性别：')
3    age = int(input('请输入您的年龄（1~100）：'))
4    if sex == '男':
5        if age >= 22:
6            print('达到法定结婚年龄')
7        else:
8            print('未达到法定结婚年龄')
9    else:
10       if age >= 20:
11           print('达到法定结婚年龄')
```

操作实例 6-8 视频演示

代码说明：

- 代码行 1：本程序的注释。
- 代码行 2：用 input()函数输入性别，并赋值给变量 sex。
- 代码行 3：用 input()函数输入年龄，由 int()函数将字符串转换成整数，并赋值给变量 age。
- 代码行 4~11：使用双分支结构先判断性别，再用嵌套的分支结构判断是否达到法定结婚年龄，并输出判断结果。

以 23 岁男性为例，程序的运行结果如图 6-13 所示。

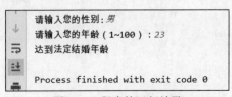

图 6-13 程序的运行结果

6.4 循 环 结 构

循环结构能让代码块重复执行。Python 提供了两种循环结构：while 循环和 for 循环。while 循环一般用于循环次数难以提前确定的情况；for 循环一般用于循环次数可以提前确定的情况，尤其适用于迭代序列中的元素。

6.4.1 while 循环

while 循环先判断条件表达式的值是否为 True，如果为 True，则继续执行循环体语句，直到条件表达式的值为 False 时结束循环。语法格式如下：

> while 条件表达式：
> 　　　语句块

while 循环的流程如图 6-14 所示。

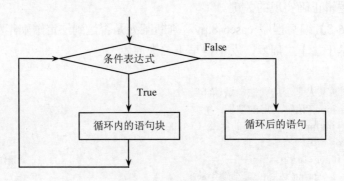

图 6-14　while 循环的流程图

说明：

- while 中的冒号（:）必不可少。
- while 中的语句块可以是单条语句，也可以是多条语句，它们必须具有相同的缩进格式。

【操作实例 6-9】编写程序 case6-9.py，用 while 循环程序计算 1～100 的和值。

代码如下：

```
1    # 用 while 循环计算 1～100 的和值
2    s = 0
3    i = 1
4    while i <= 100:
5        s += i
6        i += 1
7    print('1+2+3+…100=', s)
```

操作实例 6-9 视频演示

代码说明：

- 代码行 1：本程序的注释。
- 代码行 2：定义累加器变量 s，值为 0。

- 代码行 3：定义循环变量 i，值为 1。
- 代码行 4～6：用 while 循环计算 1～100 的和，条件表达式是 i<=100，第 6 行代码使循环变量 i 自增 1，不能缺少这条语句，否则将造成死循环。
- 代码行 7：输出计算结果。

程序的运行结果如图 6-15 所示。

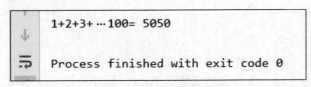

图 6-15　程序的运行结果

【操作实例 6-10】编写程序 case6-10.py，输入一个 1～10 之间的整数，用 while 循环程序计算它的阶乘。

代码如下：

```
1    # 用 while 循环计算阶乘
2    n = int(input('输入一个 1～10 之间的整数：'))
3    fact = 1
4    i = 1
5    while i <= n:
6        fact *= i
7        i += 1
8    print(n, '!=', fact)
```

代码说明：

- 代码行 1：本程序的注释。
- 代码行 2：用 input()函数输入整数，由 int()函数将字符串转换成整数，并赋值给变量 n。
- 代码行 3：定义阶乘变量 fact，值为 1。
- 代码行 4：定义循环变量 i，值为 1。
- 代码行 5～7：用 while 循环计算 1～n 的阶乘，条件表达式是 i<=n。第 7 行代码使循环变量 i 自增 1，不能缺少这条语句，否则将造成死循环。
- 代码行 8：输出计算结果。

以 5 为例，程序的运行结果如图 6-16 所示。

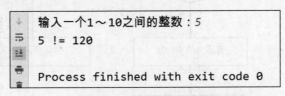

图 6-16　程序的运行结果

在 while 循环中，还可以使用 else 语句，语法格式如下：

```
while  条件表达式：
        语句块 1
```

```
        else:
            语句块 2
```

当 while 循环的条件表达式值为 True 时，执行语句块 1；当条件表达式值为 False 时，执行语句块 2 后结束循环。例如：

```
count = 0
while count < 5:
    print(count, " 小于 5")
    count += 1
else:
    print(count, " 不小于 5")
```

当 count 变量值为 5 时，条件表达式值是 False，程序执行 else 语句，运行结果如图 6-17 所示。

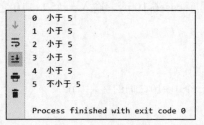

图 6-17　使用 else 语句的 while 循环示例

6.4.2　for 循环

for 循环可以遍历序列的元素，如字符串、列表、集合等。for 循环的语法格式如下：

```
for 循环变量 in 序列:
    语句块
```

for 循环的执行过程：循环变量依次读取序列中的每一个元素，每读取一个元素，执行循环中的语句块，直到读取完全部元素之后结束循环。

for 循环的流程如图 6-18 所示。

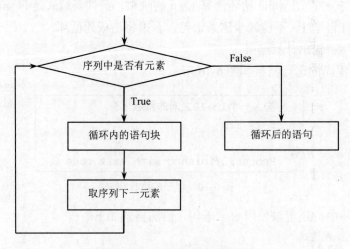

图 6-18　for 循环的流程图

说明：

● 循环变量存放从序列中读取出来的元素，所以不能在循环的语句块中对循环变量赋值。

● 循环中的语句块是具有相同缩进的一行或多行代码。

例如：下面使用 for 循环程序遍历字符串中的每个字符：

```
str = 'Python'
for i in str:
    print(i)
```

其运行结果如图 6-19 所示。

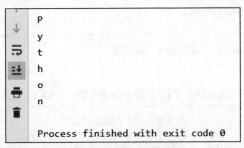

图 6-19　for 循环遍历示例

for 循环经常与 range()函数搭配使用，语法格式如下：

```
for  循环变量  in range([起始值],结束值,[步长]):
        语句块
```

range()函数用来产生一个整数序列，在三个参数中，结束值必不可少，起始值和步长可以缺省。参数说明：

起始值：表示序列的起始值，缺省是 0。

结束值：表示序列的结束值。注意，产生的序列不包括结束值，遵循左闭右开原则。

步长：表示每次的递增或递减值，缺省是 1。

range()函数的示例：

● range(5)：省略起始值，序列从 0 开始；省略步长，按缺省值 1 递增；结束值是 5，但产生的序列不包括 5，因此，产生的整数序列包括 0、1、2、3、4 共 5 个元素。

● range(1,5)：起始值是 1；省略步长，按缺省值 1 递增；结束值是 5，但产生的序列不包括 5，因此，产生的整数序列包括 1、2、3、4 共 4 个元素。

● range(1,10,2)：起始值是 1，结束值是 10，步长是 2，因此，产生的整数序列包括 1、3、5、7、9 共 5 个元素。

● range(10,5,-2)：起始值是 10，结束值是 5，步长是-2，因此，产生的整数序列包括 10、8、6 共 3 个元素。

【操作实例 6-11】编写程序 case6-11.py，用 for 循环程序计算 1～100 的和值。

代码如下：

```
1    # 用 for 循环计算 1～100 的和值
2    s = 0
3    for i in range(1, 101):
```

操作实例 6-11 视频演示

```
4        s += i
5        print('1+2+…100=', s)
```

代码说明：

- 代码行 1：本程序的注释。
- 代码行 2：定义累加器变量 s，值为 0。
- 代码行 3～4：range(1,101) 函数产生一个 1，2，…，100 的整数序列，循环变量 i 遍历序列的所有元素，每循环一次，将变量 i 的值累加到变量 s 中。
- 代码行 5：输出计算结果。

程序的运行结果如图 6-20 所示。

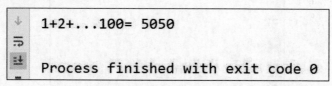

图 6-20　程序的运行结果

【操作实例 6-12】编写程序 case6-12.py，输入一个 1～10 之间的整数，用 for 循环程序计算它的阶乘。

代码如下：

```
1    # 用 for 循环计算阶乘
2    n = int(input('输入一个 1～10 之间的整数：'))
3    fact = 1
4    for i in range(1, n + 1):
5        fact *= i
6    print(n, '!=', fact)
```

代码说明：

- 代码行 1：本程序的注释。
- 代码行 2：用 input() 函数输入整数，由 int() 函数将字符串转换成整数，并赋值给变量 n。
- 代码行 3：定义阶乘变量 fact，值为 1。
- 代码行 4～5：用 range(1,n+1) 函数产生一个 1，2，…，n 的整数序列，循环变量 i 遍历序列的所有元素，每循环一次，将变量 i 的值乘到变量 fact 中。
- 代码行 6：输出计算结果。

以 5 为例，程序的运行结果如图 6-21 所示。

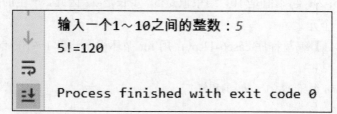

图 6-21　程序的运行结果

6.4.3 break 语句

在 while 和 for 循环中，break 语句用来直接退出循环，不再执行循环体内的语句。通常情况下，break 语句要和 if 语句联用，当满足某个条件时，结束循环。

【操作实例 6-13】编写程序 case6-13.py，输入一个大于 1 的自然数，判断它是否为素数。素数是除了 1 和它本身外，不能被其他数整除的自然数。

代码如下：

```
1    # 输入一个大于 1 的自然数，判断是否是素数
2    n = int(input('输入一个大于 1 的自然数：'))
3    for i in range(2, n):
4        if n % i == 0:
5            print(n, '不是素数')
6            break
7        else:
8            print(n, '是素数')
```

代码说明：

- 代码行 1：本程序的注释。
- 代码行 2：用 input()函数输入一个大于 1 的自然数，由 int()函数将字符串转换成整数，并赋值给变量 n。
- 代码行 3～8：如果变量 n 能被 2，3，…，n-1 之间的某个数整除，则说明不是素数，用 break 语句结束循环；反之则说明是素数。

以 11 为例，程序的运行结果如图 6-22 所示。

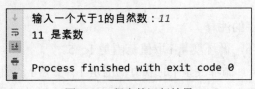

图 6-22 程序的运行结果

6.4.4 continue 语句

在 while 循环和 for 循环中，continue 语句用来终止本次循环，并忽略 continue 之后的循环体语句，然后继续下一次循环。通常情况下，continue 语句要与 if 语句联用，当满足条件时结束本次循环。

【操作实例 6-14】编写程序 case6-14.py，输出 1～10 之间所有 3 的倍数。

代码如下：

```
1    # 输出 1～10 之间所有 3 的倍数
2    for x in range(1, 11):
3        if x % 3 != 0:
4            continue
5        print(x)
```

代码说明：

- 代码行 1：本程序的注释。
- 代码行 2~5：循环变量 x 遍历 1，2，3，…，10。当 x 不能被 3 整除时，不执行后面的输出操作，继续下一次循环；否则，输出变量 x 的值。

程序的运行结果如图 6-23 所示。

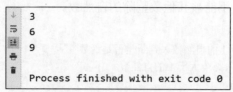

图 6-23　程序的运行结果

6.4.5　循环嵌套

和分支结构一样，循环结构也是可以嵌套的，即在循环中还可以再构造循环结构。嵌套循环执行时，先从外循环执行，再执行内循环，内循环执行结束后，外循环再执行下一次循环。

【操作实例 6-15】编写程序 case6-15.py，输出一个由星号组成的三角形图案。

代码如下：

```
1    # 用循环嵌套结构输出一个由星号组成的三角形图案
2    for i in range(1, 5):
3        for j in range(1, i + 1):
4            print('*', sep=', end=")
5        print(")
```

代码说明：

- 代码行 1：本程序的注释。
- 代码行 2：外循环，循环变量 i 取值范围是 1~5。
- 代码行 3：内循环，循环变量 j 的取值范围是 1~变量 i 的值，例如，当 i = 1 时，j 的取值只能是 1；当 i = 2 时，j 的取值范围是 1~2；以此类推，当 i = 5 时，j 的取值范围是 1~5。
- 代码行 4：print() 函数在输出数据后不进行自动换行，确保内循环中的 print() 函数都把星号输出在同一行上。
- 代码行 5：print() 函数仅完成换行操作。

程序的运行结果如图 6-24 所示。

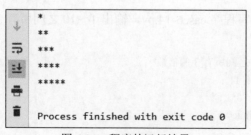

图 6-24　程序的运行结果

6.5 程序练习

练习 6-1：编写程序 ex6-1.py，模拟用户的登录验证。

提示与要求：

- 用户登录时要输入用户名和密码。
- 如果用户输入了合法的用户名和密码，则输出"欢迎登录"，否则输出"用户名或密码输入错误"。
- 假定合法的用户名是 admin，密码是 123456。

参考程序：

```
1    # 模拟用户的登录验证
2    username = input("请输入用户名：")
3    password = input("请输入密码：")
4    if username == 'admin' and password == '123456':   # 验证登录名和密码
5        print('欢迎登录！')
6    else:
7        print('用户名或密码输入错误！')
```

程序的运行结果如图 6-25 所示。

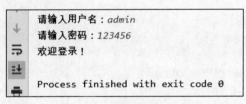

图 6-25　程序的运行结果

练习 6-2：编写程序 ex6-2.py，输入某人的年龄，判断他是儿童、少年、青年、中年还是老年。

提示与要求：

- 用 input()函数输入年龄。
- 根据输入的年龄，共有五种选择输出，选用 if…elif…语句最合适。
- 年龄段判断条件：①儿童，年龄<10；②少年，10<=年龄<20；③青年，20<=年龄<30；④中年，30<=年龄<60；⑤老年，年龄>=60。

参考程序：

```
1    # 判断某人是儿童、少年、青年、中年还是老年
2    age = int(input('请输入年龄：'))
3    if age < 10:
4        print('此人为儿童')
5    elif age < 20:
6        print('此人为少年')
7    elif age < 30:
8        print('此人为青年')
```

```
9       elif age < 60:
10          print('此人为中年')
11      else:
12          print('此人为老年')
```

以 25 岁为例，程序的运行结果如图 6-26 所示。

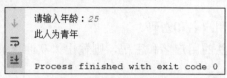

图 6-26　程序的运行结果

练习 6-3：编写程序 ex6-3.py，用 while 循环程序计算 1～100 之间所有奇数的和值。

提示与要求：

● 用 while 循环遍历 1～100 之间的所有整数。

● 在循环体中，判断循环变量的值是否为奇数，如果是奇数，则进行累加。

参考程序：

```
1       # 利用 while 循环计算 1～100 之间所有奇数的和值
2       sum = 0
3       i = 1
4       while i <= 100:
5           if i % 2 != 0:
6               sum = sum + i
7           i = i + 1
8       print("1+3+5+7+9+…+99=", sum)
```

程序的运行结果如图 6-27 所示。

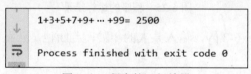

图 6-27　程序的运行结果

练习 6-4：编写程序 ex6-4.py，利用 for 循环解决鸡兔同笼问题：假设鸡兔同笼，共有 35 个头，94 只脚，求鸡、兔各有多少只。

提示与要求：

● 可用穷举法实现：鸡和兔子的数量取值范围都是 1～34，测试所有可能的组合是否满足条件，如果满足则输出这一组合。

● 如果鸡有 x 只、兔有 y 只，则在各自数量的取值范围内应满足：x+y=35 且 2x+4y=94。

参考程序：

```
1       # 利用 for 循环解决鸡兔同笼问题
2       for x in range(1, 35):
3           for y in range(1, 35):
4               if 2 * x + 4 * y == 94 and x + y == 35:
5                   print('鸡：', x, ' 兔：', y)
```

程序的运行结果如图 6-28 所示。

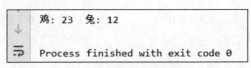

图 6-28　程序的运行结果

本 章 小 结

本章介绍了程序的三种基本结构，即顺序结构、选择结构和循环结构，展示了程序流程图的表示符号，讲解了 Python 中的 if 语句、while 语句和 for 语句的使用方法。通过本章的学习，读者应看懂程序的流程图，能编写单分支、双分支和多分支选择结构的程序，会根据要求合理选用 while 语句和 for 语句编写循环结构的程序，为后续的学习打下基础。

习　题　6

一、选择题

1. 在 if…else…语句中，下列（　　）作为 if 的表达式，会执行 else 语句。

　　A．None　　　　　B．0　　　　　　　　C．空字符串　　　　D．以上都是

2. 使用 if…else…语句时，如果出现多个 if 语句和 else 语句，else 语句将会根据（　　）确定该 else 语句属于哪个 if 语句。

　　A．冒号　　　　　　　　　　　　　　B．缩进

　　C．离哪个 if 语句最近　　　　　　　　D．具体情况具体分析，无特定依据

3. 下列有关 break 语句与 continue 语句的说法不正确的是（　　）。

　　A．当多个循环语句彼此嵌套时，break 语句只适用于所在层的循环

　　B．continue 语句类似于 break 语句，也必须在 for、while 循环中使用

　　C．continue 语句结束循环，继续执行循环语句的后继语句

　　D．break 语句直接退出循环，不再执行循环体内的语句

4. （　　）选项可以与保留字 for 一起循环遍历字符串。

　　A．until　　　　　　B．in　　　　　　　　C．if　　　　　　　D．with

5. 要输出 0～100 之间的所有偶数，划线处应填入（　　）。

```
for i in range(_____):
    print(i,end=" ")
```

　　A．2,100　　　　　B．0,2,100　　　　　C．0,101,2　　　　　D．2,101,0

6. 下列代码的输出结果为（　　）。

```
for i in range(10):
    if i % 3 == 0:
```

```
            continue
        print(i, end=' ')
```
A．1 2 4 5 7 8　　　B．1 2 4 5 6　　　C．0 1 2 4 5 6 7 8　　D．1 2

7．下列代码的输出结果为（　　）。
```
    for i in range(1,15,5):
        print(i,end=' ')
```
A．15 15　　　　B．1 2 3 4　　　　C．1 6 11　　　　D．0

8．下面程序计算 1～100 之间所有奇数的和值，划线处应填入（　　）。
```
    sum = 0
    for i in range(_____):
        sum = sum + i
    print(sum)
```
A．0,100,1　　　B．1,101　　　C．100　　　D．1,101,2

9．下述 while 循环执行的次数为（　　）。
```
    k=10
    while k>1:
        print(k)
        k=k//2
```
A．1　　　　　　B．2　　　　　　C．3　　　　　　D．以上都不是

10．下面程序的执行结果是（　　）。
```
    s = 0
    for i in range(1, 101):
        s += i
    else:
        print(1)
```
A．0　　　　　　B．1　　　　　　C．1250　　　　　D．5050

二、编程题

1．编写程序，根据输入的 x 值输出相应的 y 值。要求：当 x<0 时，y=-1；当 x=0 时，y=0；当 x>0 时，y=1。

2．计算出租车的收费标准，输入行驶公里数，打印出费用（以元为单位，四舍五入），出租车的收费标准：①3 公里以内收费 11 元；②超过 3 公里且不超过 10 公里，单价为 2.2 元/公里；③超过 10 公里且不超过 15 公里，单价增加 30%；④超过 15 公里且不超过 30 公里，单价增加 50%；⑤超过 30 公里，单价增加 70%。

3．编写程序，计算 1～100 之间所有偶数的和值。

4．编写程序解决问题。中国古代数学家张丘建在他的《张丘建算经》中提出了一个著名的"百钱百鸡问题"：一只公鸡值五钱，一只母鸡值三钱，三只小鸡值一钱，现在要用百钱买百鸡，请问公鸡、母鸡、小鸡各多少只？